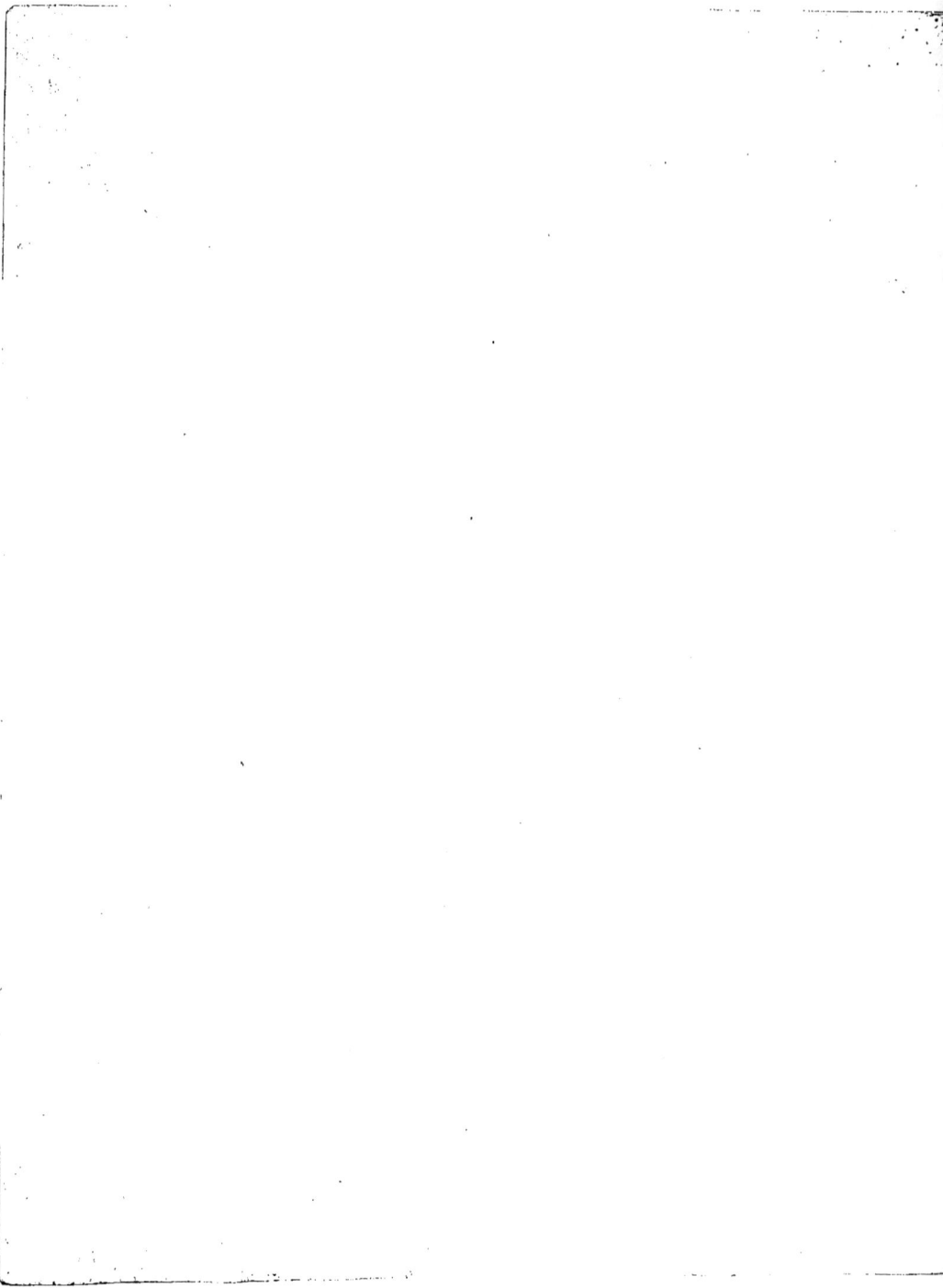

PERFECTIONNEMENT

DES MACHINES

LOCOMOTIVES ET FIXES.

13763

PERFECTIONNEMENT

DES MACHINES

LOCOMOTIVES ET FIXES,

PAR M. G. COSNUEL,

ANCIEN ÉLÈVE DE L'ÉCOLE CENTRALE DES ARTS ET MANUFACTURES,
ANCIEN EMPLOYÉ DES HAUTS-FOURNEAUX DU BORINAGE ET DIRECTEUR DES MINIÈRES
DE CETTE USINE,
ANCIEN SOUS-DIRECTEUR ET DIRECTEUR DES HOUILLÈRES DE SACRÉ-MADAME ET CARNIÈRES,
EMPLOYÉ DES CHEMINS DE FER DE PARIS A STRASBOURG ET DE TOURS A NANTES,
MEMBRE DE LA SOCIÉTÉ INDUSTRIELLE D'ANGERS.

ANGERS,

LIBRAIRIE DE COSNIER ET LACHÈSE.

Se trouve à Paris :

CHEZ L. MATHIAS (AUG.), QUAI MALAQUAIS, 15.

ET

CHEZ GIRARDIN, FAUBOURG SAINT-MARTIN, 126.

—

1846.

INTRODUCTION.

Notre but, en publiant ce travail, a été de faire connaître quelques observations pratiques que nous avons faites, qui, à l'aide de données et formules recueillies dans différents ouvrages, nous ont permis d'arriver à des résultats que nous regardons comme certains (1), et que nous avons crus dignes d'intérêt, puisque l'importance des locomotives va toujours croissant, et malgré les divers systèmes, elles prévalent encore, les chemins construits ou à établir en France étant faits dans le but d'employer ce moteur.

Un autre motif aussi puissant qui nous a déterminé, c'est le Mémoire de MM. Gouin et Le Chatelier, *Recherches expérimentales sur les machines locomotives.* Ces Ingénieurs ont, en quelque sorte, analysé les résistances, et ont pu ainsi apprécier la perte de force due à l'entraînement de l'eau, et nous ont permis d'établir des chiffres positifs, sur lesquels nous nous sommes basé. Les conséquences qu'ils ont tirées de leurs résultats, nous ont mis à même de comprendre l'importance d'obvier à cet inconvénient, ayant eu occasion d'employer un mode, qui, nous ne le pensons pas, l'ait été avant nous. Les données que nous présentons ont été obtenues pendant l'exploitation, nous les avons vérifiées plusieurs fois; mais on

(1) Notre conviction est telle, que nous avons pris un brevet de perfectionnement et que nous nous engageons à faire les essais à nos frais.

1

conçoit que nous n'avons pu compléter ces résultats, en tenant compte de toutes les circonstances, comme on le ferait
sur une machine entièrement destinée à cet usage. Tel est le
sujet de la première partie de notre travail.

Dans la deuxième partie, nous nous sommes proposé d'indiquer un mode de cheminée qui permît d'utiliser la vitesse
du convoi pour activer le tirage, par suite, diminuer la résistance à l'orifice de la tuyère et sur le piston. Nous l'avons
appliqué à la machine *la Rapide* employée sur le chemin de
fer de Versailles, rive gauche. Nous nous sommes servi pour
cela des dessins publiés par M. Mathias, ancien élève de
l'École Centrale.

La disposition précédente permettant de débarrasser les
voyageurs de l'inconvénient des produits de la combustion,
il était tout naturel que nous remplacions dans les foyers le
coke par la houille, c'est ce que nous avons fait dans notre
troisième partie.

PREMIÈRE PARTIE.

Procédé pour remédier à l'entraînement de l'eau de la chaudière, par la vapeur, dans les locomotives et les machines fixes.

Ayant eu à établir en 1839 et 40, à la houillère de Sacré-Madame, près Charleroi, en Belgique, une chaudière nouvelle dont les dimensions avaient été fixées avant nous, nous remarquâmes que celle qui existait, était loin de fournir la vapeur nécessaire pour le travail de la machine, et qu'on était obligé d'arrêter fort souvent pour donner au générateur le temps d'en former d'autre.

Nous ne pouvions, d'après les dimensions des deux chaudières, espérer obtenir un meilleur résultat de la deuxième qu'en augmentant la surface de chauffe, et, par suite, en diminuant la chambre de vapeur.

La chaudière établie, que nous désignerons par le n° 1, avait un diamètre de 1^m,90, une surface de chauffe de 52^{m3},40, et une chambre de vapeur de 10^{m3},846, la longueur de la chaudière était 11,00.

Les dimensions correspondantes du n° 2 étaient 1^m,70 — 41^{m2},04 — 6^{m3},625 et 12^m. Le rapport entre la chambre de vapeur et le volume de vapeur pour une cylindrée, l'espace nuisible compris, était $\frac{6,625}{0,787} = 8,42$. La prise de vapeur était au milieu des chaudières.

Lorsqu'on tirait du charbon, le n° 1 suffisait; mais si on venait à épuiser à 353^m,50 avec des tonnes de 770 litres, la vapeur cessait bientôt d'être en assez grande quantité, cette chaudière marchait au plus à deux atmosphères intérieures. Le n° 2 fournissait plus de vapeur dans les mêmes circonstances, mais pas encore assez quand on épuisait. Comme l'eau de condensation était de 35 à 40°, ne faisant que quelques circuits pour revenir au condenseur, nous pensâmes qu'en forçant la pression, le volume à condenser étant le même, l'eau ne s'échaufferait pas beaucoup plus, et nous portâmes la pression à $2^{at},25$. Ce que l'on ne faisait pas avec l'autre, parce que, outre que son diamètre était plus grand, la tôle était plus mince, et elle avait déjà du service. Alors la vapeur produisait plus d'effet pour démarrer, sans cependant être plus avantageuse à cause du frottement de l'eau dans les tuyaux; car dans ce cas, l'eau entraînée par la vapeur était considérable. A $2^{at},5o$ l'eau entraînée sortait par les joints du couvercle et du fond, et l'on était obligé d'arrêter pour éviter les accidents, et la condensation ne se faisait que très imparfaitement.

Quand c'était la chaudière n° 1 qui marchait, la pompe alimentaire donnait trop, et d'autant plus que la machine marchait plus vite, car la pompe à air refoulait l'eau dans une bâche fermée en fonte où la première puisait; et comme le trop plein ne suffisait pas à l'écoulement, la pression qui s'y établissait, favorisait l'aspiration de la pompe alimentaire. Cette circonstance était la même dans les deux cas, attendu que l'on tirait une tonne dans le même temps, compris entre $5',25$ et $5',5o$.

Quand c'était le n° 2 qui fournissait la vapeur, non seulement la pompe alimentaire ne donnait plus assez, mais encore la chaudière perdait de l'eau qui, théoriquement réduite en vapeur, donnait une grande partie du volume suffisant à la machine pour sa vitesse. Alors on était obligé d'arrêter pour fournir à bras d'homme, ou de laisser diminuer la pression pour qu'il y eût moins d'eau entraînée, et que la pompe pût prendre le dessus, ce qu'elle faisait difficilement, on remarquait même dans ce cas que la vapeur, à son arrivée, ne produisait pas le même bruit que lorsque le n° 1 était employé.

Supposant que l'eau entraînée venait de la partie du liquide sous la prise de vapeur, dont la pression diminuait, et celle-ci se formant instantanément avant que celle aux extrémités pût arriver, nous couvrîmes l'orifice par un chapeau en ferblanc fixé avec les boulons du tuyau. Ce chapeau était percé à son pourtour de trous de 1 millimètre, et non au fond. Comme nous n'avions pas vérifié d'abord si leur section était égale à celle primitive, lorsque la machine fonctionna, il n'y avait plus d'eau entraînée, du moins appréciable par les moyens que nous venons d'indiquer, mais la vapeur ne venait plus en assez grande quantité; alors nous augmentâmes le nombre des trous et leur diamètre jusqu'à $1^{mill},50$, et la machine marcha sans donner plus d'eau qu'avec le n° 1. On voit que l'on est parvenu à diminuer la chambre de vapeur de la différence de $10^{m3},846$ à $6^{m3},625$, soit $4^{m3},221$ qui sont les $\frac{38}{100}$ de celle primitive. Ensuite la surface de chauffe a été fortement augmentée; car, en conservant la chambre de vapeur de $10^{m3},846$, elle eût été au *maximum* de $32^{m3},88$.

Un autre avantage, c'est que la masse d'eau échauffée est plus considérable.

Enfin pour dernier résultat, nous dirons qu'avec le n° 2, en cinq heures, on pouvait tirer 47 tonnes d'eau de $355^{m},50$, en arrêtant $41',50$; et avec le n° 1 et n° 2 non modifié, on en tirait de 40 à 42, dans le même temps. La consommation de celle-ci était en vingt-quatre heures, de 48 hectolitres, et seulement de 44 pour l'autre, produisant le même travail. Ce dernier résultat, minime en comparant les surfaces de chauffe, tenait à ce que l'une était faite de tôle, de fer au bois, ayant de 5 à 6 millimètres d'épaisseur, tandis que le n° 2 avait ses tôles en fer laminé, et de 7 à 8 millimètres. Ensuite la partie de la chaudière n° 1 au-dessus de la grille était $2^{m2},30$, tandis que pour le n° 2 elle n'était que $2^{m2},04$.

Cherchons maintenant le rapport entre les vaporisations brutes.

Soit a l'eau nécessaire pour la vapeur, a' celle entraînée, et c l'excédant fourni par la pompe alimentaire avec la chaudière n° 1.

La vaporisation avec le n° 2, avant d'être modifiée, était $a+a'+c+R$, R étant la quantité dont diminuait l'eau dans la chaudière.

Nous allons mettre des nombres à la place des lettres, en faisant observer que l'on ne pouvait guère se servir du volume d'eau fourni par la pompe alimentaire pour les motifs déjà mentionnés.

Pour tirer une tonne d'eau, la machine faisait 196 révolutions complètes. Le volume de vapeur était donc $0,787 \times 2 \times 196 = 308^{m3},504$, et pour 41 tonnes, $308,504 \times 41 = 12648^{m3},664$.

Lorsque la machine démarrait, la pression s'établissait la même que dans la chaudière; la vitesse s'accélérait, et, deux ou trois tours avant que la tonne arrivât en haut, on fermait complétement le régulateur. La vitesse acquise, les poids de la corde et de la tonne vide suffisaient pour continuer le mouvement et au-delà, car, pour vider celle pleine, on amenait la vapeur en sens opposé, et il y avait un instant d'arrêt pour que par sa pression elle pût détruire la force vive produite. On voit donc que le volume de vapeur sera $\frac{12648,664}{2}$ en prenant la moyenne des pressions du commencement et de la fin. Soit $6324^{m3},352$ qui pesaient avec la chaudière n° 1 $\frac{0,7827 \times 2,067}{1 + 0,00375 \times 121,4} \times 6324,332 = 7020^{k},33$ (1). Nous ne tenons pas compte de la réduction de pression du passage de la vapeur au cylindre, ni de ce que le tuyau, qui la conduisait au cylindre, était exposé à l'air libre, que la chaudière n° 1 en était éloignée de $5^m,50$ environ, et le n° 2, de $7^m,00$.

Supposons a' égal au $1/10^{me}$ de la vaporisation brute, on ne s'éloignera pas beaucoup de la réalité, car il y a moins d'eau entraînée que pour les locomotives; et, dans les expériences faites, on a trouvé 18 o/o au *minimum* pour ces machines. Alors a' sera égal à $0^{m3},781$ ou 781^{k}. M. de Pambour dit qu'elle ne paraît s'élever que moyennement à 0,05 de la vaporisation brute (t. XVI des *Comptes rendus de l'Académie des sciences*, p. 655). Du reste, il ajoute que ce résultat a encore besoin d'être déterminé d'une manière positive. La chaudière que nous considérons, est certainement dans les meilleures conditions, eu égard au rapport entre sa chambre de vapeur et celle consommée, car il était 11,48; tandis que pour deux autres, marchant de 3 à 4 atmosphères, qui ne donnaient pas d'eau appréciable, ce rapport était 10,30 et 7,51; pour cette dernière, si le niveau s'élevait de 3 à 4 centimètres, on s'apercevait de suite à la décharge et dans le cylindre de l'eau entraînée, d'où il résulte que ce chiffre doit être considéré comme un *minimum*.

La valeur de c est $0,04 \times 1,85 \times 11 = 0^{m3},814$. La hauteur de l'eau

---

(1) *Aide-Mémoire de Mécanique pratique*, de M. Arthur Marin, p 89.

dans la chaudière variait de $0^m,03$ à $0^m,05$ de hauteur pendant l'épuisement; la largeur moyenne de la chaudière était $1,85$. Pour R, il était égal, d'après le n° 2, à $0,10 \times 1,555 \times 12 = 1^{m3},866$ (1).

La vaporisation totale du n° 1 était donc $7^{m3},807$; celle du n° 2, $10^{m3},487$, qui a été ramenée à la consommation précédente. On voit donc qu'au moyen de notre appareil qui était loin d'être complet, puisqu'il n'étendait son action que très peu loin, on a pu réduire l'eau entraînée dans la proportion $0,22$ de celle primitive.

Ce principe établi, nous allons l'appliquer aux locomotives, et, pour en comprendre toute l'importance, nous emprunterons quelques observations à MM. Gouin et Le Chatelier. Après avoir présenté les séries d'expériences pour comparer la pression dans la chaudière et les cylindres, dans la chaudière et la boîte des tiroirs, dans cette dernière et les cylindres dans les deux cas suivants, d'abord : celui où la machine avait un niveau d'eau peu élevé ; et l'autre, où le mécanicien l'augmentait, ils disent, page 15 : « En tenant compte de la double réduction de pression qui se produit de la chaudière aux cylindres, on trouve ici, pour le cas où le régulateur est ouvert de 55 centimètres carrés, que le rapport de la pression des cylindres à celle de la chaudière est égal à $0,863$, tandis que pour des ouvertures de régulateur analogues, ce rapport est égal à $0,914$ dans la première série d'expériences (c'est-à-dire lorsque le niveau était peu élevé). Indépendamment de la différence de vitesses dont la moyenne est égale à $46,7$ kil. dans le deuxième cas, et à $59,5$ kil. dans le premier, elle résulte, en grande partie, du niveau auquel chacun des deux mécaniciens a maintenu habituellement l'eau dans la machine. »

Les auteurs du même Mémoire écrivent, page 31, après avoir déclaré que pour une atmosphère de résistance il y en a 3/5 dus au passage de la vapeur dans les lumières lorsqu'elle s'échappe.

(1) Si on eût voulu calculer le volume d'après ce qui aurait dû être fourni par la pompe alimentaire, dont le diamètre était $0^m,105$ et la course $0^m,49$, on trouverait une consommation quadruple. La grande différence vient de ce que l'eau du condenseur était à une température élevée, et que le vide ne se faisait pas exactement dans la pompe alimentaire. Aussi, dans le commencement, on en avait déjà changé une pour celle-ci.

« En effet, si l'on se reporte au tableau n° 5 (dont nous venons de parler), on voit, lorsque la machine est conduite par un mécanicien qui tient le niveau de l'eau élevé dans sa chaudière, la différence de pression de la vapeur, entre la boîte des tiroirs et le cylindre, s'élever en moyenne à près de 10 o/o, soit pour de la vapeur à 5 atmosphères absolues, à 1/2 atmosphère; il n'est donc pas étonnant qu'à l'échappement, lorsque le volume de la vapeur est doublé par suite de sa diminution de densité, et que cette vapeur, chargée d'eau entraînée ou condensée, traverse une lumière étroite qui a été réchauffée pendant l'admission et dans laquelle peut avoir lieu une nouvelle vaporisation des gouttelettes d'eau liquide, il se produise une résistance équivalente à 3/5 d'atmosphère. »

Après ce qui précède, on voit quel est l'effet de l'eau entraînée et condensée, et nous ne croyons donc pas exagérer la résistance qui lui est due à 20 o/o de la pression totale dans la chaudière.

En effet, d'abord nous avons vu que la pression dans le cylindre, lorsque le niveau de l'eau restait élevé, était les 0,863 de celle de la chaudière et les 0,914 dans le cas contraire, et dans ce cas encore une partie de la perte de pression était due à l'eau entraînée. Nous ne tenons pas compte des autres rapports qui sont plus faibles dans les tableaux 1 et 3. Si maintenant l'on compare le rapport que ces Ingénieurs ont obtenu pour la vaporisation effective et celle en sus donnée par la théorie, on voit que la machine sur laquelle ils expérimentaient ne donnait que 18 o/o, tandis que pour deux autres qu'ils citent, ce rapport était de 40 à 50 o/o, et trouvé de 24 o/o par M. de Pambour dans une autre circonstance. Nous pensons donc que généralement cette perte de pression peut être portée à 10 o/o de la pression dans la chaudière.

Maintenant la résistance derrière le piston est de 3/5 de la pression résistante effective, en prenant seulement $\frac{4}{10}$ pour la résistance due à l'excès de vapeur produite par l'eau et à l'eau elle-même, qui doivent traverser les lumières, nous ne serons pas au-dessus de la réalité surtout en faisant les mêmes remarques que tout à l'heure. La moyenne des pressions résistantes effectives du tableau n° 10, dans le mémoire dont nous venons de parler, est $0^k,953$, la résistance due à l'eau sera $\frac{4}{10} 0,953 = 0^k,3812$, ou si l'on veut le rapport avec la pression dans la chaudière, il sera $\frac{4}{10} \times 0,425 \times 0,501 = 0,08517$. car la résistance effective, derrière le piston, est les $0,425$ de la pression motrice qui elle-même est les $0,501$ de celle dans la chaudière. Si on tient compte de la plus grande quantité d'eau évaporée dans les autres machines, on voit que le rapport $1/10^{me}$ serait plutôt faible que trop fort.

On comprend donc l'importance que nous attachons à empêcher l'eau de la chaudière de passer dans les cylindres.

Description de l'appareil pour prévenir cet inconvénient.

Comme chaque constructeur a son mode de prise de vapeur, il faudra modifier l'appareil quant au moyen de le fixer au tube qui conduit la vapeur au cylindre. Nous avons choisi la machine de MM. Sharps et Roberts, *la Rapide*, pour l'y appliquer, décrite avec tous ses détails par M. Mathias, et comme elle est une des plus parfaites, nous l'avons prise pour terme de comparaison dans nos calculs qui viennent après.

La vapeur devant circuler avec la vitesse qu'elle peut avoir dans la prise de vapeur, nous conservons au *tube épurateur*, représenté fig. 1 et 2, pl. 1, le diamètre intérieur $0,12$. Il est vrai qu'il pourrait aller en diminuant à son extrémité; mais nous lui conservons son diamètre à cause de la plus grande superficie qu'il présente. Ce tuyau se compose de plusieurs parties, ayant des collets fixées bout à bout, au moyen de boulons, pour permettre de les introduire par le trou d'homme. La première est fixée à la prise de vapeur au moyen des boulons qui forcent la tringle à s'appuyer contre le régulateur. Le collet sera échancré de manière à permettre à ses bords de s'approcher de 1 millimètre du plateau, qui règle l'entrée de vapeur. Ce tuyau descend obliquement pour éviter de porter sur la tige du modérateur et se recourbe pour s'étendre dans la longueur de la chaudière. Il est soutenu au moyen de colliers qui

2

l'embrassent, et sont fixés aux tirants de la chaudière; car ce tube peut être de 1/2 millimètre d'épaisseur et moins, par suite, son poids est minime.

Dans la partie opposée à l'eau de la chaudière, ce tuyau est percé de trous dont le nombre se détermine de la manière suivante :

Pour la chaudière n° 2 dont nous avons parlé, le volume de vapeur par seconde était $\frac{0.787 \times 2 \times 36}{60} = 0^m3,944$, car la machine faisait de 35 à 37 révolutions par minute.

Le nombre de trous était 2,830; leur section $0^{m2},004998$ correspondant à une section unique circulaire de $0^{m2},078$ de diamètre; celui de la prise de vapeur était $0^m,075$; la vitesse de la vapeur, $\frac{0,944}{0,004998} = 185^m,5$. Mais avec cette vitesse, il y avait encore de l'eau entraînée; il conviendrait donc de la diminuer.

Dans une locomotive, ou une machine fixe, connaissant les données ci-dessus, il sera facile de calculer le nombre de trous dans le cas de la plus grande consommation de vapeur, en ayant égard à la partie plus ou moins chauffée, et par suite à la production.

Nous nous expliquons : supposons que un mètre carré, près le foyer, donne le triple de la vapeur que produit un mètre carré de surface de chauffe à l'autre extrémité, la section des trous devra être triple dans cet endroit, car ainsi on évitera les oscillations de pression à chaque coup de piston que nous avons vu être de 8 à 10 centimètres de mercure au moyen d'un manomètre à air libre, et par suite l'ébullition subite dans les points les plus voisins de la prise de vapeur. Il est vrai que la machine ne marchait pas vite; mais pour une locomotive où les corps de pistons sont très rapprochés, il est très difficile de constater ces oscillations, mais elles existent toujours.

Les trous se feront seulement à la partie supérieure et au poinçon. On laissera les bavures en-dedans, afin que l'eau qui pourrait être entraînée, quoique déjà divisée en passant dans les trous, puisse encore l'être, et facilement absorber la chaleur nécessaire à sa vaporisation, à cet effet il conviendrait de laisser passer dans le *tuyau épurateur* un tube à fumée ou une branche métallique, dont l'extrémité serait échauffée dans le foyer. Le tube épurateur peut avoir une forme quelconque, on pourrait aussi le remplacer par une toile métallique ou une feuille percée de trous.

Il faut encore avoir égard, en faisant les trous, de les diminuer de diamètre pour la cause qui vient d'être énoncée; mais il convient de tenir compte des dépôts qui pourraient les obstruer, ce que nous n'avons pas remarqué dans l'expérience que nous avons faite, malgré que nous ayons vu des tuyaux de la pompe alimentaire recouverts intérieurement d'une couche qui avait près d'un centimètre d'épaisseur, et que l'on ne pouvait enlever qu'en les alésant.

Une dernière observation, c'est que l'on croit généralement que plus la prise de vapeur est loin du foyer, moins il y a d'eau entraînée; le fait est vrai, mais pas dans le sens qu'on lui donne généralement. Cela tient à ce que la quantité de vapeur, qui se dégage par mètre carré pour la même diminution de pression, est plus grande près le foyer, et par suite l'eau emportée en plus grande quantité. Par exemple, M. Mathias cite que dans une locomotive de Stephenson, il n'a jamais eu lieu de constater l'échappement sonore qui caractérise la vapeur sèche, et cependant la prise était dans la cheminée. Nous le concevons facilement, car la vapeur se produisant surtout près du foyer, elle ne peut arriver à temps pour se rendre au cylindre, et celle qui se trouve près, ayant une diminution de pression sensible, se forme subitement en entraînant beaucoup d'eau.

Nous avons souvent constaté que, lorsque l'on chauffe une chaudière, elle bout jusqu'à une certaine pression, et après, la vapeur se formant, monte à la surface sans produire de bruit. Mais si l'on vient à mettre la machine en marche, l'ébullition recommence, et est d'autant plus forte que l'on consomme plus de vapeur. Cela tient donc encore à ce que la vapeur, qui est aux extrémités, ne remplace pas assez vite celle emportée, et que la surface de l'eau, sous la prise de vapeur, éprouve une ébullition produite par le dégagement forcé de celle venant du fond.

Procédé pour empêcher la condensation de la vapeur, par le contact de l'air avec le fond et le couvercle des cylindres.

Nous venons de voir le moyen de remédier à l'entraînement de l'eau de la chaudière; mais une partie notable de vapeur se liquéfie par le refroidissement du fond et du couvercle, surtout à une grande vitesse, et quand la température est basse. On avait déjà compris cet inconvénient, puisque l'on a renfermé les cylindres dans la boîte à fumée.

Nous avons représenté, fig. 3, pl. 1, un cylindre ayant les mêmes dimensions intérieures que celui de *la Rapide*. Il y a deux tiroirs réunis par deux tiges portant un écrou qui permet de les rapprocher ou de les éloigner, et, par suite, de régler la distribution. La distance des tiroirs à l'axe du cylindre étant restée la même, on voit que les lumières sont rétrécies à leur milieu; il faut alors augmenter leur largeur. Si on eût augmenté cette distance, on aurait pu diminuer le circuit; on serait parvenu au même résultat en augmentant davantage la largeur de la boîte à fumée qui était primitivement celle que l'on voit à la partie inférieure du cylindre. Cette disposition permet de diminuer la vapeur perdue sans action à chaque coup de piston, et en même temps les résistances dans les circuits, comme l'ont observé MM. Gouin et Le Chatelier.

On pourrait peut-être objecter que le frottement des tiroirs sera plus considérable; mais nous observerons que le mécanicien d'une machine d'extraction, lorsque la tonne arrive au jour, doit fermer son régulateur, désembrayer, changer l'entrée de vapeur, et ouvrir son modérateur, le tout en un temps inappréciable; car s'il manquait, la tonne pourrait aller jusqu'aux molettes, le diamètre des bobines étant très grand alors, puisqu'il peut avoir $2^m,50$ et au-delà. L'on conçoit que un demi-tour de machine suffira pour occasionner un accident et la mort des ouvriers, s'il y en a dans la tonne, ce qui, du reste, arrive quelquefois. On voit donc que les forces physiques du mécanicien sont en grande partie paralysées par son attention, et cependant avec l'habitude, il exécute facilement ces divers mouvements. Le mécanicien d'une locomotive, en poussant son lévier en avant ou en arrière, opère tous ces changements, et peut employer beaucoup plus de force.

La vapeur, après avoir agi, se dégage par le fond, et le couvercle du cylindre à doubles parois, les réchauffe, et sort en sens opposé de la marche de la locomotive.

Il convient de remarquer, en outre, que la vapeur au lieu de se dégager par un tuyau plus échauffé que le cylindre, comme dans les locomotives ordinaires, c'est le contraire, et qu'au lieu de se dilater elle se condense.

Le fond entre dans le cylindre de manière à diminuer l'espace nuisible, ce qui est préférable, car la vapeur agissant sur la garniture du piston, quand il dépasse l'entrée de vapeur, fatigue inégalement les ressorts, peut les forcer à lui laisser passage entre le fond, le couvercle du piston et le cylindre, ou si ce résultat n'a pas lieu, la vapeur entraînant des dépôts, ils peuvent s'introduire entre le piston et la garniture, et les user. Quand le piston rétrograde, la garniture frappe sur le cylindre, et ce choc, quelque petit qu'il soit, les détériore toujours. Si les ressorts ne cèdent pas, alors le frottement est trop considérable. Nous avons remarqué ce fait sur une machine fixe qui, arrêtée, ne laissait point passer de vapeur, la pression étant de 3 à 4 atmosphères, lorsque le piston se trouvait en dehors des lumières; car la moindre fuite s'observe facilement à la décharge, et prévient quand il faut réparer les garnitures; et cependant, quand elle marchait, elle donnait ce choc seulement à l'une de ses extrémités, car les ressorts cédaient.

Nous observerons en dernier lieu que la résistance de la vapeur, à la sortie de la tuyère, tendra à favoriser la marche du convoi.

FIN DE LA PREMIÈRE PARTIE.

DEUXIÈME PARTIE.

Comparaison du mode de tirage employé à celui proposé.

Pour les calculs suivants nous admettons que l'air est en repos, et que la résistance due au dégagement de la vapeur, n'est que de $1^{at},25$ et, défalquant la pression atmosphérique, il reste $0^{at},25$, qui donne par centimètre carré $1,0335 \times 0,25 = 0^k,2584$, tandis que MM. Gouin et Le Chatelier ont trouvé, par leurs expériences, que la pression résistante effective moyenne, était $0^k,953$, on voit que le chiffre que nous admettons est beaucoup trop faible. Nous le conservons afin que les résultats, auxquels nous arriverons, ne paraissent pas dépasser la réalité, d'autant plus que le chiffre $0^k,953$ est déjà faible lui-même, à cause du peu d'eau entraînée dans les expériences dont il a été déduit.

La formule donnée par M. de Pambour, pour la résistance R derrière le piston, est

$$(1)\ R = \frac{(1+\delta')\left\{(K+g)M+gm+uv^2\right\}\frac{\pi D}{2l}+\frac{\pi D F}{2l}}{\frac{\pi \delta'^2}{2}} + p + p'v.$$

Dans laquelle :

$\delta' = 0,137$ est le frottement additionnel.

$K = 2^k,69$ coëfficient de frottement des wagons.

$g = 4$ la gravité d'une tonne pour une rampe de 4 millimètres que nous prenons dans ce cas.

$M = 59^T$ le nombre de tonnes brutes dont se compose la charge du convoi y compris le tender.

$m = 15^t$ poids de la machine.

$D = 1,67$ diamètre des roues motrices.

$d = 33^c$ diamètre des pistons.

$l = 0^m,464$ course des pistons.

$F = 15 \times 2,40 + 22$ le coëfficient de frottement des machines isolées.

$p = 1^k,0335$ pression atmosphérique.

$p'v = 0^k,26$ pression due à la tuyère, ou mieux celle derrière le piston, provenant de la sortie de la vapeur.

$uv^2 = 90^k$ la résistance due à l'air.

La pression $p'v = 0,112\{V\dfrac{S}{\Delta}$, formule dans laquelle V est la vitesse de la machine 36^k dans le cas présent, S la vaporisation en mètres cubes qui se déterminera par l'équation du travail, et $\Delta = 38,46$ l'orifice de la tuyère en centimètres carrés.

$uv^2 = 0,005064$ S V^2 dans laquelle S est la surface effective du train en mètres carrés, et $V = 36^k$ la vitesse du convoi. (Pour plus de détail, voir la page 217 et suiv. de l'ouvrage de M. Mathias.) La formule (1), après les calculs effectués, donne $R = 3^k,513$.

En posant le travail moteur égal aux diverses parties du travail résistant, en considérant comme inconnu le nombre d'atmosphères, on trouve qu'il est $5^{at},03$. (Voir la page 111 et suivantes de l'ouvrage de M. Mathias.) On voit, d'après cela, que si l'on ne s'était pas donné à *priori* $p'v$, on aurait pu le calculer.

La pression par centimètre carré sera $5,03 \times 1,033 = 5^k 227$, la température correspondante est $154°$.

La machine, par chaque course simple du piston, consomme $0^{m3},03284$, et comme elle fait $1,906$ tours par seconde, le volume sera $1,906 \times 4 \times 0^{m3},03284 = 0^{m3},250$ à la pression de $5^{at},03$.

Le volume de vapeur $0^{m3},250$ pèse $0^k,648$, et par heure le volume de 900^{m3} pèse $2332^k,80$.

Nous admettons pour l'eau entraînée les $\dfrac{24}{100}$ de la vaporisation brute. Cette quantité est $0^k,205$ par seconde, et par heure 738^k, ou en volume, $0^{m3},738$.

La vaporisation totale est par seconde, $0^k,853$, et par heure, $5069^k,47$, et en volume, $3^{m3},069\frac{'}{17}$.

Nous supposons l'air ambiant, ainsi que l'eau du tender, à $15°$.

Chaleur absorbée et emportée par la vapeur. La chaleur absorbée est par seconde $0,648\,(650-15) = 411^{cal},80$.

Celle emportée, $0,648 \times 650 = 421^{cal},20$.

Chaleur prise et emportée par l'eau entraînée avec la vapeur. Celle absorbée par l'eau est $0,205\,(154-15) = 28^{cal},29$.

Celle emportée, $0,205 \times 154 = 32^{cal},37$.

Chaleur perdue par le contact de l'air. On sait qu'un tuyau, renfermant de la vapeur dans l'air en repos, condense $1^k,40$ par mètre carré et par heure. Quoique, dans le cas qui nous occupe, la chaudière soit enveloppée de manière à éviter le contact de l'air extérieur, il est impossible de l'empêcher complétement, et le convoi, en marchant, tend à le renouveler à cause des jours qui se font dans l'enveloppe. Nous avons évalué cette perte, comme si le contact avait lieu sur toute la surface de la chaudière remplie de vapeur; elle est donc par seconde, $\dfrac{\pi \times 1 \times 4,20 \times 1,40 \times 650}{3600} = 3^{cal},26$, car le diamètre de la chaudière est $1^m,00$, et sa longueur, $4^m,20$.

Chaleur rayonnée sous la grille. Pour l'évaluer, nous l'avons comparée à celle développée dans le foyer; la surface de la grille est 1^{m2}, les $\frac{2}{3}$ sont libres, soit $0^{m2},666$. La chaleur utilisée par la chaudière est la somme des nombres $411,80 + 28,29 + 3,26 = 443^{cal},35$. La surface de chauffe réduite est $21^{m2},02$, la chaleur donnée par mètre carré et par seconde sera $\dfrac{443,35}{21,02} = 21^{cal},09$, soit pour la surface inférieure de la grille, $0,666 \times 21,09 = 14^{cal},05$. Comme la grille est en partie obstruée par le mâchefer, nous ne prendrons que la moitié, $7^{cal},02$.

Chaleur perdue par le coke qui tombe sous la grille. La chaleur perdue est d'autant plus grande que les barreaux sont plus éloignés, car il tombe davantage de coke, et nous la mentionnons seulement.

Pour y remédier, aux barreaux employés nous proposons de

substituer ceux indiqués, fig. 4 et 5, pl. I. Ils sont cannelés sur la longueur et à leurs bouts, et permettent ainsi plus facilement à l'air de circuler sous le coke qu'ils portent. En ayant employé d'analogues dans la chaudière n° 2, nous sommes parvenus à brûler par heure 116^k par mètre carré, au lieu de 70 à 80^k; ils n'avaient que 1 centimètre entre eux. Il se forme moins de mâchefer, car avec le fourneau voisin, il fallait nettoyer la grille quatre fois par 24 heures; tandis qu'ici, deux fois au plus suffisaient, et que, pour remettre la chaudière en état de fournir la vapeur, il ne fallait qu'une demi-heure, au lieu d'une heure. On est parvenu avec cette grille à brûler du charbon que l'on ne pouvait livrer au commerce. Les barreaux, au bout d'un an de service, n'étaient pas brûlés, comme cela arrivait en moins de temps avec d'autres qui n'étaient pas cannelés. La fig. 5, pl. I, représente les deux barreaux extrêmes coulés ensemble, percés d'un trou pour laisser passer un tuyau dont on fera connaître l'usage tout à l'heure.

Maintenant nous allons calculer la quantité de coke à brûler.

Quantité de coke brûlé.

Calculant la force de la machine d'après la formule $N = \dfrac{(M+m)(g+k)V}{75}$, dans laquelle les lettres ont les mêmes valeurs déjà citées, seulement V est la vitesse par seconde, et égale à 10^m, on trouve $N = 66$ chevaux. Si nous prenons la consommation de la machine par kilomètre, d'après le tableau de l'année 1843, dans l'ouvrage dont nous avons parlé, nous trouvons 8^k,60, ce qui donne par heure et par force de cheval 4^k,69. Nous y voyons aussi que la machine ne traînait que 36 à 37 tonnes, y compris son tender, tant à l'aller qu'au retour; que si dans un sens elle montait, dans l'autre, elle devait moins consommer à la descente; ici elle monte et remorque 59 tonnes. Enfin, il est plus de machines qui brûlent au-dessus de 6^k qu'il n'y en a qui brûlent moins, en sorte que nous prendrons ce chiffre, ce qui donne pour la consommation, par heure, 396^k, et par seconde, 0^k,11.

On a remarqué dans les foyers ordinaires que pour brûler 1^k de coke, il fallait 18^{m3} d'air qui n'était qu'à moitié privé de son oxi-

Air nécessaire à la combustion.

3

gène. Ici, la couche de combustible est double ; mais la vitesse du passage de l'air est bien plus considérable, le contact moins long, et par suite moins d'oxigène absorbé. Nous voyons qu'en prenant ce chiffre, nous serons plutôt en-dessous de la réalité. Il faudra donc $0,11 \times 18 = 1^{m3},98$ d'air à $15°$ pesant $\frac{1.98 \times 1^k,30}{1+0,00375 \times 15} = 2^k,43$.

Chaleur donnée par le coke. Le kilogramme de coke donne 6500 calories, et pour $0^k,11 - 715^{cal}$.

Température des produits de la combustion. De ces 715 unités de chaleur, il faut retrancher celles absorbées par la vapeur, l'eau entraînée, le refroidissement de la chaudière, le rayonnement sous la grille, l'air brûlé contiendra donc $715 - 450,37 = 264^{cal},63$.

La capacité calorifique de l'air par rapport à l'eau étant $0,2669$, il contenait déjà $15 \times 2,43 \times 0,2669 = 9^{cal},70$.

Température de l'air brûlé. L'air contiendra donc en tout $274^{cal},33$. Le nombre de degrés sera $\frac{274.33}{2,43 \times 0,2669} = 418°$.

Nous avons considéré la capacité calorifique la même que celle de l'air ; si on avait égard à celle de l'acide carbonique, la température serait encore un peu plus élevée, mais peu différente.

Vitesse d'écoulement de l'air d'après la formule appliquée aux machines fixes. Nous avons dit que la vitesse d'écoulement de l'air, dans une locomotive, était beaucoup plus grande que pour les machines fixes, pour cela cherchons la vitesse. Si la machine était seule pour faire le tirage :

La formule est $V = 14 \sqrt{\frac{ha(t'-t)}{4+\frac{10}{D}} \cdot \frac{D}{D}}$ dans laquelle $t = 15°$.

$t' = 418°$.

$D = 0,35$, diamètre de la cheminée.

$h = 2,65$, hauteur de la sortie des produits de la combustion au-dessus du coke.

$L = 5,65$, parcours total par l'air brûlé.

$a = 0,00375$, coëfficient de la dilatation, d'où $V = 5^m,46$. Cette vitesse est trop forte, car elle suppose que la fumée passe dans un seul conduit, que la couche de combustible est moins épaisse. On verra donc tout à l'heure, en comparant cette vitesse à celle réelle, qu'elle peut être négligée ainsi que le poids de la colonne d'air $ha (t'-t)$ qui fait l'écoulement, car elle n'est par mètre carré que $2^k,06$.

Le frottement de l'air dans les tuyaux et la cheminée peut être négligé également, en le comparant à la pression nécessaire pour l'écoulement de l'air. Nous avions une machine pneumatique pour aérer une mine, qui indiquait au manomètre à eau, une dépression au-dessous de $0^m,10$, ce qui fait une pression par mètre carré, moindre que 100^k. L'air arrivé au fond du puits se divisait en deux parties ayant à peu près le même parcours, 200^m, pour aller aux travaux, autant pour revenir; calculant seulement sur 400^m de longueur et des galeries de $1,50$ sur $1,50$, leur périmètre sera 6^m et la surface des parois $400 \times 6 = 2400^{m2}$; négligeant le puits principal et prenant seulement le conduit par lequel l'air remontait, son périmètre était 3^m et sa surface $353,5 \times 3 = 1060^{m2},5$ qui, réunis à 2400, donnent 3460^{m2}. La pression étant supposée absorbée par le frottement des parois, on voit que pour 50^{m2} de surface, la pression ne sera que $0^k,14$; il y avait des étranglements qui absorbaient une grande force à cause de la vitesse. La surface des tuyaux de fumée est 48^{m2}; celle de la cheminée, dont le diamètre égale $0^m,35$, est $3,14 \times 0,35 \times 1,68 = 1^{m2},85$, prenons $2^m,00$, la surface totale sera donc 50^{m2}; on verra que la pression trouvée 0^k14, qui correspond à cette surface, peut être négligée, lorsqu'on la comparera à celle qui doit produire l'écoulement de l'air dans la cheminée.

Résistance due au frottement.

Le volume de l'air est $1,98\left\{1+0,00375\left(418-15\right)\right\}=4^{m3},97$, la section de la cheminée étant $0^m,0961$, la vitesse sera $\frac{4.97}{0,0961}=51^m,71$, sans tenir compte de la contraction, car la cheminée est évasée. Pour avoir la pression qui produit l'écoulement, nous nous servirons de la formule $V=\sqrt{2g\frac{P-p}{d}}$ (*Aide-Mémoire de Mécanique pratique de M. Morin*).

Vitesse de l'écoulement de l'air seul par la cheminée.

$V = 51^m,71$, vitesse.

$2g = 9,81 \times 2 = 19,62$.

$P - p$, pression par mètre carré qui produit l'écoulement.

$d = 0^k,488$, poids du mètre cube de gaz qui s'écoule.

On tire de cette formule $P - p = 66^k,20$, d'où il résulte que la pression de la colonne d'air qui produirait l'écoulement si la machine n'avait un autre mode de tirage, ne serait que $\frac{1}{30^m}$ environ de celle qu'il faudrait pour avoir un tirage convenable, et que la résistance du frottement peut être négligée; enfin que, d'après la vitesse, l'air doit rester beaucoup moins longtemps avec le combustible que dans un foyer ordinaire. On conçoit donc qu'une grande partie d'air s'échappera, n'ayant pris que de la chaleur; il conviendrait donc lorsque l'air arrive au-dessus du coke, qu'il y eût un gaz qui pût absorber tout son oxigène. Nous verrons le moyen d'obtenir ce résultat.

Écoulement de la vapeur et de l'air ensemble. La vapeur qui se dégage de la tuyère chasse l'air en se mélangeant à lui; la preuve de ce fait c'est que lorsqu'une machine marche avec une vitesse de 30^k ou plus, on ne distingue pas à la sortie les coups de piston, car ils sont tellement rapprochés que le dégagement de la vapeur est continu comme celui de l'air. La vapeur ne se condense qu'à sa sortie de la cheminée, attendu que dans son intérieur elle est mélangée à de l'air à une très haute température qui réchauffe les parois, et ensuite on sait que si la vapeur est mélangée à de l'air elle se condense plus difficilement. Nous avons supposé que la vapeur se dégageait à $1^{at},25$ et nous lui conserverons ce volume dans la cheminée. Le volume primitif 0^m250 devient $0,250 \times \frac{5,03}{1,25} = 1^{m3},012$. Une partie de l'eau entraînée par la vapeur se volatilisera à cause de la diminution de pression, ainsi chaque kilogramme absorbera $650 - 153 = 497^{cal}$. Ce nombre de kilogrammes sera $\frac{32,37}{497} = 0^k,06$ qui, réduit en vapeur à $1^{at},25$, donne $0^{m3},081$.

Il passera donc par la cheminée :

1° Un volume d'air de $\quad$ 4^m,97 pesant 2^k,43 à 418°,00.

2° $\quad$ id. $\quad$ de vapeur $\quad$ 1^m,012 $\quad$— $\quad$ 0^k,648 — 106°,60.

3° $\quad$ id. $\quad$ id. $\quad$ 0^m,081 $\quad$— $\quad$ 0^k,06 — 106°,60.

4° $\quad$ id. $\quad$ d'eau $\quad$ 0^m,000145 $\quad$— $\quad$ 0^k,145 — 153°,00.

Une partie de l'eau s'évaporerait encore en passant dans la cheminée, mais nous n'en tenons pas compte. Nous observerons aussi que le volume de vapeur fourni par l'eau est le 1/13 environ de celui de la vapeur primitive.

Pour avoir la température du mélange nous emploierons la formule $mx\,(t-T) = m'y\,(T-t')$. *Température du mélange.*

$m = 2^k,43$, poids de l'air brûlé.

$m' = 0^k,648 + 0^k06 = 0^k,708$, poids de la vapeur.

$x = 0,2669$, capacité calorifique de l'air, par rapport à l'eau.

$y' = 0,847$, celle de la vapeur dans le même cas.

$t = 418°$, température de l'air sortant.

$t' = 106°,60$, celle de la vapeur.

T, celle du mélange.

Effectuant les calculs $T = 269°$.

Le volume de l'air sera $1,98 \left\{ 1+0,00375(269-15) \right\} = 5^{m3},866.$

Celui de la vapeur $1,093 \left\{ 1+0,00375\,(269-106,60) \right\} = 1,757.$

Leur somme est 5,623.

Et la vitesse d'écoulement $\dfrac{5,623}{0,0961} = 58,51$, car la section de la cheminée est 0,0961.

Le poids du mètre cube de mélange, y compris celui de l'eau, sera $\dfrac{3,283}{5,623} = 0^k,584$, et la pression par mètre carré est égale à 101^k,95, on voit donc combien la vapeur, mélangée aux produits carbonés augmente cette pression, et quel est l'avantage à laisser dégager l'air seul, ou bien à faire déboucher la vapeur plus près de l'extrémité de la cheminée en l'élargissant seulement de la quantité dont augmenterait la vapeur sortante. La pression de 101^k,95 repartie sur la cheminée sera $101,95 \times 0,0961 = 9^k,80$. On comprend donc d'après ce résultat l'importance qu'il y a diminuer cette résistance qui n'est vaincue que par la tuyère. Si on eût au contraire considéré la vapeur et l'air se dégageant en couches parallèles sans se mélanger, le volume eût été encore plus grand.

Si nous considérons d'eux tubes, l'un recourbé en forme de siphon, l'autre droit, et qu'on leur imprime un mouvement de translation dans le sens indiqué ou dans celui opposé, au milieu d'un gaz plus ou moins dense que celui qu'ils renferment, en faisant abstraction du poids de ce dernier dans ces tubes, on voit qu'il pourra se dilater ou se comprimer sans se dégager entièrement. Si maintenant on admet qu'une pression quelconque vienne à agir sur le gaz contenu dans ces tubes, soit de bas en haut ou de haut en bas, le gaz s'écoulera, pourvu qu'il soit remplacé par du nouveau fluide arrivant. Mais le tube recourbé aura l'avantage, parce qu'il n'y aura que la contraction due à l'orifice, tandis qu'avec l'autre il y aura en outre compression de la veine fluide qui s'écoule.

Si les tubes sont mis en mouvement, comme on le voit dans la figure ci-jointe, ils feront le vide derrière eux, et le gaz contenu se dilatera pour remplir ce vide, de plus sa tendance à sortir sera augmentée; car le fait se passera comme si au lieu de supposer le tube en mouvement, c'était au contraire le milieu ambiant qui le fût. Alors les molécules enveloppantes choqueront celles qui sortent du tube et faciliteront leur dégagement, le résultat sera encore plus avantageux avec le siphon pour vaincre le frottement.

Remarquons que dans le tube recourbé il n'y a que la contraction due à l'orifice, tandis que dans le tube droit il y a celle due au choc de l'air ambiant, comme on le voit dans les locomotives ou les bateaux à vapeur en marche ou dans les cheminées fixes, lorsque l'air est en mouvement; et de plus, comme le vent a généralement une inclinaison à l'horizon, il s'ensuit qu'au lieu d'activer le tirage il tend au contraire à le diminuer, surtout dans les locomotives où l'air arrivant au-dessous du foyer, il y a la force développée qui produit le tirage, et la composante horizontale du vent qui tend à faire glisser l'air sous le foyer, quand il arrive, et par suite à cause du mouvement de la locomotive beaucoup d'air qui était appelé, s'échappe et la force du tirage est mal utilisée. C'est ce que l'on a indiqué dans la figure ci-contre. P est la force d'appel Q celle du vent; on voit que leur résultante passe derrière, et si le mouvement a lieu dans le sens indiqué, il tendra encore à favoriser cette perte. Dans le sens opposé cet effet, se ferait encore sentir suivant la vitesse du vent et de la locomotive.

Le vent est ordinairement incliné de 15° à l'horizon, soit R la force de l'air, sa composante horizontale est $\dfrac{R \cos.\ 15°}{r}$ et cette verticale $\dfrac{R \sin.\ 15°}{r}$ on voit que la composante verticale est plus faible, mais quelle que soit la direction du vent, elle s'oppose toujours au tirage.

Dans le tube recourbé dont nous verrons plus tard la position, il est soustrait à l'action verticale; mais si l'action horizontale agit perpendiculairement à ses orifices, elle tend à comprimer seulement le gaz du tube; si elle vient dans le sens opposé elle le dilate, la pression étant moindre à la sortie; si enfin elle vient obliquement elle se décompose alors en une normale à l'orifice sans effet sur la contraction, et en une autre qui sera en partie détruite par l'effet des roues qui neutralisent son action.

Si, au lieu de donner aux tubes la disposition indiquée, on les recourbe comme on le voit dans la figure ci-jointe, aux avantages déjà trouvés, viendra se joindre celui de la vitesse du tube qui sera la même que si ce dernier étant fixe, l'air arrivait avec cette vitesse.

Résumant tout ce que nous avons dit jusqu'à ce moment, nous avons d'abord donné le moyen d'empêcher l'entraînement de l'eau dans le cylindre. Nous avons vu qu'il convenait de réchauffer le cylindre, et de faire en sorte que la décharge fût soustraite à l'action de la chaleur; qu'il était préférable de laisser dégager l'air brûlé de manière à le soustraire en partie à l'action du vent, en sens inverse de la marche du convoi, et profiter de la vitesse du train pour activer le tirage, et ne pas laisser la vapeur se mélanger à l'air. Nous allons donc décrire maintenant le moyen employé pour satisfaire à toutes ces conditions; nous l'avons encore appliqué à *la Rapide*.

Pour le dégagement de la vapeur, nous avons indiqué, fig. 6, Description des tuyaux de décharge.

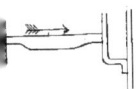

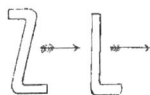

pl. 2, et fig. 7, pl. 3, la disposition du tuyau de décharge qui est en avant de la locomotive. Il eût été préférable de le faire sur le côté pour qu'il fût moins échauffé; mais la roue et le chasse-pierre ne lui permettaient pas de passer, si ce n'est trop bas. Ce tuyau, qui peut être fait très mince en tôle, est entouré d'air froid jusqu'à la tuyère, fig. 8, pl. 2, et est soutenu par la cheminée, comme il est indiqué fig. 9, pl. 2. La vapeur condensée s'écoulera facilement, en vertu de sa vitesse acquise. Ce tuyau est articulé, fig. 11, pl. 2, pour pouvoir suivre le mouvement de la cheminée à laquelle il est fixé à son entrée, et près de la tuyère. La réaction de la vapeur tendra à favoriser la marche de la machine, la résistance à l'orifice fût-elle de $1/20^{me}$ d'atmosphère, la pression serait $\dfrac{38.46 \times 2 \times 1,0335}{20} = 3^k,97$, car nous prenons 2 tuyères ayant $0^m,27$ de diamètre. Si cette résistance était plus grande, la perte de force, qui se ferait ressentir sur le piston, serait du moins en partie compensée d'une manière très minime, il est vrai. Ensuite, en séparant les deux tuyères, la résistance qui se fait sentir sur un piston, ne se fait pas sentir sur l'autre dont le dégagement a déjà eu lieu en totalité ou en partie. Il est vrai que le tirage sera moins fort, mais nous verrons qu'il n'en est pas besoin, ensuite la vapeur produira son effet hors de la cheminée sans augmenter le volume de la fumée. On pourrait laisser un robinet purgeur près le joint articulé.

Description de la cheminée.

Les produits de la combustion, en arrivant dans la boîte à fumée, se divisent pour passer autour des cylindres, comme il est indiqué, fig. 12 et 13, pl. 3. L'orifice circulaire, au fond de la boîte, est égal à celui de la cheminée; deux parties verticales en tôle à charnière pour pouvoir les rabattre, lorsqu'on veut travailler autour des cylindres en enlevant la partie supérieure qui les couvre, maintenue par deux petites clavettes, empêchent l'air de s'y rendre immédiatement. La cheminée se recourbe, passe sous tout le mécanisme sans le gêner, et est articulée sous le cendrier; car, lorsqu'on veut introduire la lame entre les barreaux pour faire tomber le mâchefer, ou eteindre le feu de la locomotive, on baisse la cheminée soutenue en avant au moyen de deux tringles à chacune de ses extrémités, et mues à volonté par le mécanicien au moyen d'une manivelle.

La cheminée porte une double enveloppe qui force l'air à circuler autour, empêche le tube extérieur de s'échauffer, et ne gêne pas le mécanicien, lorsqu'il veut visiter les mouvements ou serrer un boulon ou une clavette; de plus, cet air chaud, à cause de la propriété des gaz de ne pas se réfléchir, se rend sous le foyer. On pourrait encore tirer un parti plus avantageux en remplissant cet espace d'eau communiquant par des tubes verticaux avec la chaudière, et on pourrait prévenir peut-être plus efficacement l'échauffement des diverses parties du mécanisme.

La partie de la cheminée, sous la grille, a son enveloppe supérieure percée de trous par lesquels l'air est injecté entre les barreaux; ensuite l'air, pouvant circuler entre ces deux parois espacées de manière à donner le volume d'air nécessaire à la combustion, s'échauffe au contact de la tôle. Par cette disposition, les cendres entraînées par la fumée sortiront de la locomotive, et seront rabattues par une plaque de garde, représentée fig. 15, pl. 3, qui est mobile autour d'une charnière; le mécanicien peut à volonté la monter ou la baisser, et par suite diminuer le tirage en forçant l'air chaud à passer en partie sous la grille, ainsi que la vapeur de décharge. Cette plaque forcera les morceaux de coke enflammés à tomber, qui, malgré les précautions, mettent encore souvent le feu dans les convois actuels. Une autre tôle fixée à la chaudière est également articulée, et empêche l'air de s'échapper de dessous le cendrier, et fait que les produits de la combustion se mélangent à l'air froid. Si l'on voulait, on pourrait laisser à la partie supérieure des tuyères un ajutage qui injecterait directement la vapeur sous la grille. Des clapets, placés entre les deux enveloppes, permettent de retirer les cendres qui auraient pu tomber de la grille par les trous qui laissent passer l'air, et servent encore à permettre l'entrée de l'air, suivant qu'il vient en avant ou en arrière; les uns ont leur axe de rotation horizontal, les autres vertical. La fig. 14, pl. 3, indique la disposition d'un clapet à axe horizontal, et dans la fig. 10, pl. 2, on voit la cheminée représentée vue de face, et, sur les côtés,

4

les tuyaux de la pompe alimentaire, et, par suite, on remarque que la cheminée n'est pas beaucoup plus basse que ces tuyaux. Si on rétrécissait l'espace entre les deux enveloppes, on pourrait ne pas les dépasser. Des rivets conservent la distance entre les feuilles de tôle. On comprend aussi que la cheminée est élargie pour compenser le volume occupé par la vapeur qui se dégage.

Avantages de cette disposition :

D'abord on évite les chances d'incendie, comme on l'a dit; ensuite, l'air chaud tendant à monter aussitôt que la machine est arrêtée, le tirage n'a plus lieu. Cette différence $h a (t'—t)$ est encore beaucoup plus petite que celle déjà trouvée, et suffit seulement pour éviter le capuchonnement des cheminées sans gêner le tirage. Enfin, on réunit l'avantage des cendriers mobiles. On pourra objecter que la tôle, immédiatement sous la grille, se brûlera; mais n'en est-il pas de même pour les portes du foyer, et cependant elles résistent. Enfin la réaction de l'air favorise la marche du convoi. On utilise la chaleur perdue par le rayonnement de la grille, car l'air entrant l'absorbe, ainsi qu'une partie de celle emportée par l'air brûlé. Enfin la machine est plus stable, permet de diminuer les travaux d'art pour les passages en-dessus, et par suite les dépenses, et présente moins de résistance à l'air. En effet, la section résistante est $1,10 \times 0,30 = 0^{m2},330$, et celle actuelle $0,35 \times 1,60 = 0^{m2},56$. Et en dernier lieu, les voyageurs ne sont pas incommodés par la vapeur et les parcelles de coke qui s'échappent.

Calcul du vide entre les deux enveloppes. Pour ne pas lui donner une trop grande dimension nous avons choisi la vitesse de 36^k, qui est en quelque sorte une moyenne, car le volume d'air à introduire croit plus vite que sa section, multipliée par la vîtesse du convoi. Le volume d'air à introduire est $1^{m3},98$. Les dimensions inférieures de la cheminée sont $0^m,70$ et $0^m,137$ extérieures $0^m,703$ et $0^m,140$; en appelant x la distance entre les deux enveloppes, la section sera $x \left\{ (0,703 + 2x) 2 + 0,140 \times 2 \right\}$ $10,00 = 1,98$ d'où $x = 0^m,0792$. La distance au-dessus du rail sera évidemment suffisante, car il y a des machines qui ont leur boîte à fumée à $0^m,12$ seulement. Si quelqu'un par malveillance voulait arrêter le convoi dans sa marche, ce n'est généralement comme on l'a vu qu'en plaçant un obstacle sous la roue, il n'y aurait donc que la négligence qui pourrait occasionner des accidents. Or tous les instruments dont se servent les ouvriers sur la voie ont moins d'épaisseur même qu'une traverse avec son coussinet, précisément celle que nous laissons.

La vapeur ne se dégage pas continuellement par les **tuyaux d'é-** chappement, ensuite l'air rentre dedans, s'oppose à la condensation par son mélange, aussi nous n'admettrons qu'il n'y a que $1^k,40$ de vapeur condensée et par mètre carré à $100°$. Leur surface est $2^m,42$, et par suite la quantité d'eau condensée donne $2,42 \times 1,40 \times 550 = 1863$ calories. La disposition que nous adoptons permettrait peut-être d'utiliser cette chaleur pour chauffer les voitures du convoi.

Chaleur donnée par les tuyaux d'échappement.

Nous avons dit que l'air sortant n'était qu'à moitié brûlé, qu'il employait une grande quantité de chaleur pour s'échauffer, et que celle emportée était les $0,35$ de celle développée, il faut donc en utiliser une partie pour augmenter la température de l'air entrant. Nous remplaçons $0,1$ d'air froid par des produits de la combustion qui favoriseront l'absorption de l'oxigène de l'air, en élevant la température. Nous y ajoutons $1/20^e$ de la vapeur qui se dégage. N'a-t-on pas fait passer l'air injecté dans des hauts fourneaux sous un foyer en activité. De plus on sait que si sous un foyer ordinaire on jette de l'eau, elle s'évapore en augmentant le tirage et la flamme du charbon s'allonge, ce qui tient à ce qu'il s'est formé des gaz carbonés combustibles. La preuve de ce que nous avançons, c'est que lorsqu'on charge de la houille sur une grille ordinaire, le tirage ralenti d'abord s'active peu à peu à mesure que la houille s'échauffe et que les gaz s'enflamment; on voit donc que dans le cas précédent on ne pourrait attribuer l'augmentation de tirage à la différence de densité par l'introduction de vapeur, mais bien à l'élévation de température. Ensuite on a conseillé pour brûler des résidus de coke de laisser de l'eau dans le cendrier. A Sablé, dans la Sarthe, nous avons vu brûler ainsi sous des chaudières le combustible que l'on extrayait, qui ne pouvait être employé avant

Température du mélange entrant.

pour la fabrication de la chaux seulement, le cendrier était fermé et un jet de vapeur venant de la chaudière activait la combustion et l'anthracite donnait même de la flamme. On a construit des usines à gaz dans lesquelles on faisait passer la vapeur sur du coke chauffé au rouge, et on mélangeait aux produits des gaz plus riches en carbone, pour en augmenter le pouvoir éclairant. De tous ces faits il résulte que la vapeur introduite, le $\frac{1}{20^e}$ seulement de celle employée sous le foyer, donnera un gaz qui brûlera au-dessus du coke et dans les tuyaux, et privera plus complétement l'air de son oxigène.

Les 7128^{m3} d'air froid introduits, par heure, pesant $8774^k,05$ à 15° contenant 45126 colories, seront réduits à 6416^{m3} pesant $7846^k,65$ contenant $40614,17$ calories.

Les $712^m,80$ d'air froid à 15° seront remplacés par un poids correspondant, $877^k,40$ d'air chaud, contenant 94345 unités de chaleur, ils seront à 418°. Si l'on cherche la température de ce mélange on trouvera 55°. Si on y ajoute maintenant le mélange du $\frac{1}{20^e}$ de vapeur à $1^{at},25$, on trouvera pour ce poids $127^k,44$ par heure, et la température du nouveau mélange sera 57°. Nous n'avons pas tenu compte des 9220 cal (voir plus loin) qui élèveraient peu la température.

Chaleur économisée.   La chaleur économisée se compose des parties suivantes :

D'abord l'excès de la température du $1/10^e$ d'air chaud sur celui d'air froid à 15°. . . . . $89,832$ cal.

La vapeur à $1^{at},25$ donne $106,06 \times 127,44 \times 0,847$. . . . . $11,507$

Chaleur perdue par le coke qui tombe sous la grille.

L'air, en passant entre les deux enveloppes de la cheminée, absorbe une certaine quantité de calorique. Dans les calorifères à air chaud on admet que par mètre carré et par heure il passe 1500 unités de chaleur, et on va même jusqu'à 2000; nous prenons 1600, la surface chauffée de la cheminée est

A reporter. . . . $101,339$ cal.

Report. . . . . 101,339 cal.

$1,68 \times 3,42 = 5,76$, le nombre de calories est 5,76
$\times$ 1600. 9,220

Généralement cet air chaud arrivera sous le foyer
comme on va le voir tout à l'heure.

Le calorique entraîné par l'eau avec la vapeur
est. 101,880

Celui rayonné sous la grille. 25,308

Total de la chaleur économisée. . . . 237,747 cal.

La quantité du coke économisé est $\frac{237,747}{6,500} = 36^k,57$ pour que la **Coke économisé et rapport avec la consommation.**
température des produits de la combustion ne s'élève pas.

Le rapport avec la consommation totale est $\frac{36.57}{396} = 0,0923$

Il nous reste maintenant à calculer la vîtesse d'écoulement du
nouveau mélange pour avoir la pression et la comparer à celle que
l'on a dans les mêmes circonstances avec les locomotives actuelles.

Le volume de l'air sortant à 418° est $4^{m3},97$.

Le volume du 1/20 de vapeur est 0,0546 $\{1 + 0,00375 (418 -$
$106,6)\} = 0,07$. La somme des deux sera 5,04 et le poids du mètre
cube du mélange $\frac{2,43 + 0,035}{5,04} = 0^k,48$. La vîtesse d'écoulement étant
$\frac{5,04}{0,0961} = 52^m,44$. La pression par mètre carré sera 60^k00; comme la
machine a une vîtesse de 10^m par seconde, l'air exerce par mètre
carré une pression moindre sur l'orifice de sortie représentée
$\frac{10^2 \times 1^k.22}{19,62} = 6^k.30$ qu'il faut retrancher deux fois, car la même
pression favorise l'écoulement en agissant sous le cendrier, il reste
donc $66^k,00 - 12,60 = 53^k,40$ par mètre qui, repartis par centimè-
tre carré, sur les tuyères, est $\frac{53^k,40 \times 0,0961}{38,46 \times 2} = 0^k,065$.

Nous avons déjà trouvé que pour la même vitesse dans les loco- **Comparaison de la résistance sur la tuyère dans les deux cas.**
motives, la pression par mètre carré est $101^k,95$ et repartie par

centimètre carré sur la tuyère $\frac{101^k,95 \times 0961}{38,46} = 0^k,254$. En comparant ces deux résultats, on voit que le premier est environ le 1/4 du second, ensuite la vapeur se dégageant plus près de l'orifice ne sera pas obligée de chasser toute la surface d'air ayant la section de la cheminée. Le tirage se fera également comme dans le cas précédent, mais la pression qu'il exige étant moins forte elle réagira moins sur le piston.

Nous avons avancé, précédemment, que l'air chaud qui passe autour de la cheminée arrivera généralement sous le foyer.

Nous trouvons dans les mémoires de l'Académie de Bruxelles, d'après des expériences faites à Gand en 1841, et trois fois par jour, le nombre suivant des directions du vent les quatre points cardinaux, abstraction faite de celles intermédiaires :

Nord.	Est.	Sud.	Ouest.
46	48	177	144.

Pour 1842, à Louvain :

Nord.	Est.	Sud.	Ouest.
45	70	49	327.

On voit que les vents du sud et de l'ouest dominent, et on sait par expérience que ce sont les plus violents, mais qu'ils ne dépassent pas généralement une vitesse de 9 à 10^m, comme on le remarque dans le tableau suivant où le vent impétueux a une vitesse de 11^m,17.

TABLEAU I.

Vitesse du vent d'après l'anémomètre de Bouguet, et pression par mètre carré.		Vitesse.	Pression par mèt. carré.
	Vent à peine sensible.	0^m,45	0^k,019.
	Brise légère. . . .	0,90	0^k,088.
	Vent frais	1,38	0^k,341.
	Vent bon frais. . .	4,47	2^k,124.
	Forte brise. . . .	8,94	8^k,50.
	Vent impétueux . .	11,17	13^k,20.
	Rafale	15,65	26^k,03.
	Tempête.	22,35	53^k,11.

	Vitesse.	Pression.
Grande tempête . .	26,82	76^k,49.
Ouragan	35,77	135^k,93.
Ouragan qui renverse les édifices. . .	44,71	212^k,87.

A l'inspection de ce tableau on reconnaît que les vents forts qui se soutiennent plusieurs jours atteignent au plus une vitesse de 11,17, qui est celle du vent impétueux; or, si le vent vient en avant il chassera l'air chaud sous la grille, s'il vient en sens opposé, comme les convois de voyageurs marchent avec une vitesse de 10 à 12^k, il s'ensuit que le convoi devancera le vent, et l'air chauffé arrivera encore sous le foyer; du reste, il ne sera pas nécessaire d'avoir un aussi grand tirage, car il favorisera la marche.

Nous avons dit que l'on pouvait remplir d'eau le vide qui était entre la cheminée et son enveloppe, seulement dans la partie sous le mécanisme. Cette surface est $(0,70+0,137) 2 \times 2,00 = 5^{m2},348$; admettons seulement que chaque mètre carré évapore 20^k par heure, on a trouvé jusqu'à 50^k; la quantité d'eau évaporée sera 66^k,96, et le nombre d'unités de chaleur 66^k,96 $(650 - 15) = 42519^{cal},60$; celui donné par la cheminée, sous le foyer, sera $2(0,70+0,157) \times 1,00 \times 1600 = 2674^{cal},4.$ *Vide entre la cheminée et son enveloppe rempli d'eau.*

La chaleur économisée par l'air chaud sera 89832 — 4251,96 + *Chaleur économisée.* (9220 — 2674,4) car la vapeur se forme au détriment de cette chaleur, et il faut y ajouter la différence de la chaleur absorbée par l'air circulant entre les deux enveloppes. 92126

Chaleur donnée par le 1/20 de vapeur. 11507

Calorique absorbé par la vapeur autour de la cheminée. 42520

Chaleur perdue par le coke qui tombe sous la grille . »

Chaleur absorbée par l'air autour de la cheminée sous le foyer. 2674

Calorique entraîné par l'eau non vaporisée 101880

Celui rayonné sous la grille 25308

Total. . . . 276015

Coke économisé. La quantité de coke économisé sera $\frac{276.015}{6500} = 42^k,31$. Le rapport avec celui consommé est $\frac{42,31}{396} = 0,106$ qui est plus fort que celui déjà trouvé. Nous ne reviendrons pas sur les températures du mélange d'air entrant et des produits de la combustion, la différence sera peu sensible. Dans le tableau suivant nous n'avons pas calculé l'économie de combustible en supposant de l'eau au lieu de l'air chaud, ce qui sera facile à faire comme on vient de le voir.

TABLEAU II.

Tableau donnant les résultats correspondant aux vitesses de 20 k., 30 k., 36 k. et 40k. Nous avons réuni dans un tableau les calculs faits avec les formules déjà employées, en conservant la même charge pour la machine, la même résistance due à la pression de la vapeur qui se dégage, c'est-à-dire $1^{\text{at}}\cdot,25$, le même chiffre pour la consommation de coke et d'air.

	VITESSE.			
	20 k.	30 k.	36 k.	40 k.
Nombre de chevaux	$56^{\text{ch}},63$	55^{ch}	66^{ch}	$75^{\text{ch}},55$
Charbon brûlé.	$219^k,78$	330^k	396^k	459^k98
Air consommé par heure. . . .	$5936^m,04$	5940^m	7128^m	8320^m
Résistance derrière le piston par centimètre carré	$5^k,20$	$5^k,42$	$5^k,51$	5^k61
Résistance due à l'air.	$27^k,80$	$62^k,53$	90^k	$112^k,20$
Nombre d'atmosphères	$4^{\text{at}},69$	$4^{\text{at}},92$	$5^{\text{at}},03$	$5^{\text{at}}11$
Température correspondante. . .	$151°$	$153°,50$	$154°$	$155°$
Volume de vapeur consommée par seconde.	$0^m3,153$	$0^m3,202$	$0^m3,230$	$0^m3,271$
Poids de ce volume de vapeur . .	$0^k,55$	$0^k,592$	$0^k,648$	$0^k,710$
Eau entraînée	$0^k,11$	$0^k,165$	$0^k,205$	$0^k,23$
Chaleur absorbée par la vapeur. .	$209^{\text{cal}},55$	$375^{\text{cal}}920$	$411^{\text{cal}},80$	$430^{\text{cal}},85$
Chaleur emportée	$216^{\text{cal}},65$	$584^{\text{cal}},80$	$421^{\text{cal}},20$	$461^{\text{cal}},50$
Chaleur absorbée par l'eau . . .	11,96	22,63	28,29	32,20
Rapport de la chaleur absorbée à celle développée	0,057	0,058	0,059	0,040
Chaleur emportée par l'eau. . . .	$16^{\text{cal}},61$	$25^{\text{cal}},10$	$52^{\text{cal}},57$	$53^{\text{cal}},65$
Chaleur perdue par le contact de l'air avec la chaudière	$5^{\text{cal}},26$	$5^{\text{cal}},26$	$5^{\text{cal}},26$	$5^{\text{cal}},26$

	VITESSE.			
	20 k.	50 k.	56 k.	40 k.
Rayonnement sous la grille	5^{cal},74	5^{cal},66	7^{cal},02	8^{cal},05
Chaleur perdue par le coke qui tombe sous la grille.	»	»	»	»
Quantité de coke brûlé par 1''. . .	0^k,061	0^k,094	0^k,110	0^k,122
Air pour cette combustion	1^{m3},10	1^{m3},63	1^{m2},98	2^{m3},20
Chaleur donnée par le coke	596^{cal},50	591^{cal},50	713^{cal},01	795^{cal},00
Chaleur contenue dans l'air à 15° . .	5^{cal},44	8^{cal},13	9^{cal},70	10^{cal},02
Chaleur contenue dans l'air sortant. .	64^{cal},99	184^{cal},04	274^{cal},35	298^{cal},64
Rapport de la chaleur donnée par le coke à celle de l'air sortant . . .	0,13	0,29	0,55	0,56
Température de l'air sortant. . . .	196°	556°	418°	428°
Volume de l'air sortant seul par 1''. .	1^{m3},79	5^{m3},76	5^{m3},04	5^{m3},64
Vitesse d'écoulement de l'air seul . .	18^m,61	59^m,12	51^m,71	58^m,57
Pression correspondante par mèt. carré.	15^k,60	41^k,56	66^k,20	81^k,64
Volume de l'air et de la vapeur mélangés.	2^{m3},502	4^{m3},479	5^{m3},625	6^{m3},15
Température du mélange.	154°	255°	269°	274°
Vitesse d'écoulement de ce mélange. .	24^k,00	46^m,60	58^m,51	63^m,82
Pression correspondante par mèt. carré.	21^k,77	66^k,04	101^k,95	116^k,76
Température du mélange d'air froid avec le 1/10e d'air chaud et le 1/20e de vapeur	35°	50°	55°	58°
Chaleur économisée par heure . . .	104704^{cal}	186892^{cal}	257747^{cal}	275417^{cal}
Coke correspondant à ce nombre d'unités de chaleur	16^k,59	56^k,83	56^k,57	42^k,55
Rapport avec la consommation . . .	$\frac{10}{154}$	$\frac{10}{115}$	$\frac{10}{108}$	$\frac{10}{105}$
Volume de l'air sortant avec 1/20e de vapeur	1^{m3},827	5^{m3},837	5^{m3},040	5^{m3},740
Vitesse	19^m,01	40^m,14	52^m,44	57^m,64
Pression correspondante par mèt. carré.	15^k,62	41^k,89	66^k,00	81^k,06
Rapport avec la pression dans la locomotive ordinaire, répartie par centimètre carré sur les tuyères, sans avoir égard à la marche du convoi . . .	0,515	0,517	0,526	0,546
Pression par mètre carré due à la vitesse du convoi calculé d'après la formule $V = \sqrt{2g\dfrac{P-p}{d}}$	0^k,19	4^k,50	6^k,20	7^k,65

D'après le tableau précédent, on voit :

1° Que le rapport de la chaleur absorbée par l'eau, à celle donnée par le coke, ne varie pas beaucoup; cela tient à ce que nous avons supposé la résistance constante derrière le piston. Ce rapport est 4 o/o, ce qui n'a évidemment pas lieu, car d'après les tableaux de MM. Gouin et Le Chatelier, on voit que le rapport entre la pression dans la chaudière et celle utile va en diminuant à cause de la plus grande quantité d'eau entraînée.

2° Le rapport de la chaleur absorbée par l'air, à celle donnée par le coke, va en augmentant dans une forte proportion, et explique pourquoi les mécaniciens, qui ont des primes pour l'économie de combustible, tendent toujours à ralentir; et on comprend en même temps, quand la vitesse est donnée, l'importance qu'attache un directeur d'exploitation à avoir un chargement complet.

3° On voit enfin que la résistance, pour l'écoulement de l'air dans notre système, est une faible fraction de celle dans le cas ordinaire, et par suite la résistance sur la tuyère et le piston beaucoup diminuée. Elle sera toujours au plus les 4/10, car on a deux tuyères.

4° Le rapport entre la quantité de combustible économisée, et celle brûlée, va toujours en augmentant, est le 1/10° de consommation totale. Si au lieu de l'air entre les deux enveloppes, on admet qu'il y ait de l'eau, et que la vaporisation soit seulement de 20^k par mètre carré et par heure, ce rapport est encore augmenté. Dans le tableau précédent, nous avons supposé constante la chaleur perdue par la chaudière au contact de l'air, celle absorbée par l'air qui circule entre les deux enveloppes, et celle donnée par la vapeur, lorsqu'on remplit ce vide par de l'eau.

Divers cas pour la marche des locomotives. Soit V la vitesse du convoi par seconde, P la pression correspondante, d le poids du mètre cube d'air qui a 15°, est 1^{k}22 on a :

$$V = \sqrt{2g\frac{P}{d}}, \text{ d'où } P = \frac{V^2 d}{2g}, \text{ telle est la pression due à la vitesse}$$

du convoi.

Soit V' la vitesse de l'air, P' sa pression, elle sera $P' = \frac{V'^2 d}{2g}$

Soit enfin π la pression pour le dégagement par la cheminée avec 1/20 de vapeur. Si le vent vient en avant de la locomotive, π sera diminué de 2 (P+P'), car l'air fuit derrière la cheminée. Si le vent vient derrière, on aura pour la pression d'écoulement, $\pi+$P' — P. Or, généralement P est plus grand que P'. Ou si le contraire a lieu, le vent aide la marche, et le tirage n'a pas besoin d'être aussi fort.

Si la marche a lieu en arrière, les formules précédentes peuvent servir en les modifiant suivant la direction du vent.

Vent avant.

Si le vent vient à la rencontre de la locomotive il active lui-même le tirage, ce qui est le contraire pour les locomotives actuelles, car il augmente la contraction de la fumée et gêne l'appel sous la grille. Dans notre système il arrive sous le foyer avec une vîtesse $V + V'$, en désignant par V et V' les vîtesses du convoi et de l'air; ensuite celui ambiant active la combustion en agissant sur la fumée qui se dégage; enfin l'air, au lieu de presser sur l'orifice d'écoulement, a un mouvement de $V + V'$.

Supposons la vîtesse du convoi par seconde de $11^m,11$ et $V' = 8^m,33$. D'après le tableau la résistance par mètre carré est $116^k,76$ qui, répartie par centimètre carré sur la tuyère, est $\dfrac{116,76 + 0,0961}{38.46}$ $= 0^z,292$, dans l'ancien système. Avec le nôtre elle est $81^k,06$. Il faut en retrancher 2 $(7^k,65 + 4^k,5o) = 23^k,9o$; il reste $57^k,16$ qui donnent par centimètre sur les tuyères $\dfrac{57,16 \times 0.0961}{38,46 \times 2} = 0^k,071$. On voit combien ce rapport est plus petit et quelle sera la diminution de résistance sur le piston. Si le vent augmente, le tirage est encore plus actif. Si on se reporte aussi au premier tableau, on voit que les pressions $7^k,65$ et $4^k,5o$ sont trop faibles. Ensuite au lieu de calculer la pression correspondante à $V + V'$, nous avons ajouté P + P'. Enfin une partie du foyer forme le vide où l'air brûlé se précipitera.

Vent arrière.

Si le vent vient derrière le convoi il peut arriver trois cas.

1° $V > V'$. Alors on revient au cas précédent déjà discuté.

2° $V = V'$. C'est le cas de l'air en repos ainsi que la machine.

3° $V < V'$ Alors l'air tend à comprimer les produits de la combustion dans la cheminée.

Supposons le convoi marchant avec une vîtesse de $8^m,33$ par seconde et la vîtesse du vent de $11^m,11$. La pression, pour faire écouler l'air est 41^k89, comme on le voit dans notre tableau, négligeant la pression qui comprime l'air brûlé, puisque pour le faire diminuer de moitié il faut une pression de 10335^k par mètre carré, et ici la diminution correspondrait à la pression donnée par la différence de vîtesse $11,11 - 8,33 = 2^m,75$, dont la pression est, d'après le tableau n° 1er, $1^k,12$ qui, ajouté à $41^k,89$, donne $43^k,01$, qui, reportée sur les tuyères et par suite sur le piston, est égale par centimètre à $\dfrac{43^k,89 \times 0,0961}{38,46 \times 2} = 0^k,011$. Pour les locomotives ordinaires la pression est sur la tuyère $\dfrac{66,04 \times 0,0961}{38,46} = 0^k,165$ et quadruple de la précédente. Nous ferons remarquer, comme nous l'avons déjà dit, que ce cas ne se présentera que rarement, et qu'ensuite s'il arrivait, le vent aiderait la marche du convoi, et qu'enfin si dans un sens il éprouve de la résistance, en sens opposé ce désavantage sera compensé.

Marche en arrière. Si la marche a lieu en arrière, en faisant diverses hypothèses sur la vîtesse du vent, on retomberait sur les cas précédents, et la marche serait ralentie par la réaction de la vapeur et de la fumée. Nous avions d'abord voulu mettre un clapet entre l'orifice de dégagement et l'entrée de la cheminée, comme on l'a indiqué plus loin, et faire dégager la fumée devant la locomotive, mais il aurait été difficile à visiter; ensuite la marche en arrière n'a lieu que pour les mouvements dans la station ou quand une locomotive va chercher un convoi en retard, alors elle ne pousse que son tender et n'a pas besoin d'une pression aussi forte.

Nous donnons cependant un exemple dans le cas le plus défavorable. Supposons la vîtesse du convoi en arrière égale à $11^m,11$ et celle de l'air s'opposant égale à $11^m,24$. La vîtesse totale sera $22^m,35$ correspondante à une pression de $53^k,11$ par mètre carré (voir le 1er tableau). Faisant également abstraction de la compression des produits de la combustion dont le volume diminuerait et par suite la pression pour l'écoulement, on trouve en y ajoutant la pression

$81^k,06$ qu'il faut pour l'écoulement dans le cas du repos, $134^k,17$ qui répartis sur les tuyères ont une valeur de $\dfrac{134^k.17 \times 0.0961}{38,46 \times 2}$ $= 0^k,168$. Pour les locomotives employées la pression est $116^k,76$ qui donne par centimètre sur la tuyère $\dfrac{116,76 \times 0,0961}{38,46} = 0^k,291$ qui est encore plus forte que la précédente.

Nous terminerons en disant que lorsque des nombres ne nous ont pas paru bien établis, nous avons pris celui le plus désavantageux à notre système : telle est la pression de $1^{at},25$ derrière le piston. Si on lui eût donné la valeur reconnue pour les pressions dans les locomotives employées, la différence eût été peu sensible pour notre disposition, et eût beaucoup augmenté les nombres trouvés pour les machines actuelles. Si on eût tenu compte des frottements, de la fumée, la même différence eût encore subsisté ; si l'on considérait les chiffres adoptés pour le combustible et l'air brûlé comme erronés, ils seraient ou trop faibles, et les avantages que nous proposons seraient plus grands, ou s'ils sont trop forts nous aurions toujours en notre faveur des résultats certains.

Enfin sur l'économie de combustible que nous avons trouvée, nous n'avons tenu compte que de la suppression de l'eau entraînée par la vapeur, sans avoir égard au réchauffement des cylindres, au dégagement de la vapeur par des tuyaux froids, de la diminution de pression résistante et de la moindre quantité d'air qu'il faudrait introduire sous la grille, car il sera plus complétement brûlé.

FIN DE LA DEUXIÈME PARTIE.

TROISIÈME PARTIE.

Moyen proposé pour brûler de la houille.

Les deux seules objections que nous croyons qui aient été faites à l'emploi de la houille, dans les locomotives, sont celles-ci :

L'inconvénient de la fumée pour les voyageurs, et les crasses que déposent les gaz carbonés sur les parois des tuyaux.

A la première objection nous répondons que la disposition que l'on emploie remédie complétement à cet inconvénient.

Quant à la deuxième, nous dirons que nous avons vu et fait nettoyer des chaudières de machines fixes, que nous n'avons jamais vu ces dépôts. Il est vrai que les parois se recouvraient d'une poussière blanchâtre comme dans les locomotives, qui, dans ce cas, est en partie emportée dans les tubes à fumée par le coke qui les parcourt, et cet effet ne doit point être attribué à la combustion de la houille, car la température étant trop élevée, et le tirage très grand, les carbures d'hydrogène sont entraînés sans se condenser. Peut-être cette poussière adhère-t-elle à cause de l'électricité produite, car le tirage est beaucoup plus que suffisant pour l'emporter, et il faut une forte attraction pour déterminer son adhérence. Elle tombait en partie quand la chaudière se refroidissait. Si ces gaz se dégagent sans être brûlés, comme l'ont observé ceux que cette question a occupés', c'est que, la houille mise en contact du feu, ils s'échappent avant qu'elle ait pu s'échauffer; ensuite, l'air brûlé qui s'y mélange n'a pas une température assez élevée pour que la combustion se fasse; car, en se volatilisant, ils absorbent beaucoup de chaleur latente, et enfin, l'air brûlé ne contient pas assez d'oxigène. Ici nous faisons arriver sous le foyer de la vapeur qui donnant un gaz combustible, élèvera la température du mélange; de plus, nous ajoutons de l'air chaud qui passe dans deux tuyaux fixés à la chaudière et traverse le foyer. Ils se divisent en trois branches qui laissent les tubes à fumée ouverts, et ces tuyaux principaux, ainsi que leurs branches, sont percés de petits trous qui laissent passer l'air chaud pour la combustion des gaz. C'est ce que nous avons représenté fig. 6, pl. 2, fig. 16 et 17, pl. 1.

1° Diminution de la distance du rail à la boîte à fumée;

2° Echauffement des essieux par les produits de la combustion;

3° Difficulté pour le tirage dans la marche en arrière;

4° Empêchement pour le mécanicien de visiter les organes de la machine;

5° Allumage des machines;

6° Échauffement des cylindres;

7° La difficulté d'appliquer nos modifications en totalité.

Objections que l'on peut faire à notre système.

Nous avons déjà parlé de la première objection, nous ajouterons seulement que les machines dans lesquelles cette distance n'est que de 0^m,12 qui font le transport des marchandises, et surtout la nuit, si les accidents étaient autant à craindre les exploitants les rejetteraient.

Pour l'échauffement des essieux, l'air sortant de la cheminée ayant toujours une vîtesse de plusieurs mètres par seconde, ce dégagement se faisant en arrière et le convoi ayant une vîtesse en sens opposé, les wagons ont dépassé la fumée avant quelle ait pu se relever. Enfin en fût-il autrement, ces gaz vinssent-ils à rencontrer les essieux, le contact de l'air ambiant atténuerait beaucoup leur effet.

La difficulté pour le tirage dans la marche en arrière est plus grande que lorsque la machine marche en avant, il est vrai, mais la résistance sera toujours moindre lorsque l'air se dégagera seul et viendra ajouter la pression occasionnée par la plus grande vîtesse du convoi réunie à celle due au vent; elle ne compenserait pas la pression nécessaire pour faire dégager l'air mélangé à la vapeur, comme on l'a vu dans l'exemple que nous avons donné.

Le mécanicien n'ayant qu'à visiter les pièces du mouvement, il le fera aussi facilement avec notre disposition, et s'il y avait des réparations autres que le serrage de boulons ou de clefs, on sait que la marche de la machine est suspendue pour être conduite à l'atelier, que dans plusieurs de ces bâtiments 'les portes, pour ne pas être en disproportion avec la façade, ne sont pas assez élevées pour laisser passer les locomotives avec leurs cheminées qu'il faut démonter, et dans le cas présent on n'aura pas plus de travail pour faire les réparations ; du reste ce désavantage, dût-il exister, il serait plus que compensé après ce que nous avons dit.

Pour chauffer les machines, nous laissons à la partie supérieure de la boîte à fumée un tuyau de 25 à 30° sur lequel on fera descendre une cheminée en tôle, dont la partie supérieure est fixe. Ainsi on activera le tirage, on économisera le temps et le combustible, c'est ce que l'on a à peu près fait au chemin de Strasbourg à Bâle, si nous sommes bien informés. Pour rendre ce joint complet, on pourra laisser autour du premier tuyau un second moins haut ; lorsque la partie mobile sera descendue on remplira d'eau l'intervalle, comme il est indiqué ; ce bouchon hydraulique suffira pour commencer à activer le tirage, et lorsqu'il sera établi, cette eau étant évaporée, peu importera si l'air peut s'introduire ; ce ne sera toujours qu'en petite quantité ; c'est ce que nous avons indiqué dans la figure ci-contre. Une fois allumée, la machine dans sa marche activera elle-même son tirage. L'orifice qui se trouve à la partie supérieure est fermé par un couvercle à rebord, on peut encore le faire servir à introduire de l'air froid lorsque le tirage est trop actif.

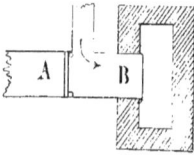

On pourrait encore employer cette disposition qui consisterait à laisser un clapet en A, et la fumée sortirait par l'orifice B dans un conduit horizontal en maçonnerie communiquant avec une cheminée fixe qui pourrait servir à allumer plusieurs locomotives à la fois.

L'échauffement des cylindres ferait peut-être craindre qu'il n'arrivât des accidents. A cette objection nous opposerons une observation que fait M. Combes (tome 16 des comptes-rendus hebdomadaires des séances de l'Académie des Sciences, page 654.)

Après avoir dit qu'on n'a pas encore atteint la limite de l'effet utile dû à la vaporisation d'un poids d'eau déterminé, dans les machines de Cornouailles, qu'il serait augmenté si on pouvait prévenir la liquéfaction de l'eau lors de l'admission de vapeur, il ajoute : « on pourrait utiliser pour cela les produits gazeux de la combustion, qui sont probablement jetés dans la cheminée à une température de 250 à 300 degrés centigrades au moins. » Il est vrai que la pression de la vapeur est faible en comparaison des locomotives.

Nous citerons encore que dans une houillère voisine de celle où nous étions, nous avons vu pendant deux ans quatre chaudières marcher à une pression de plus de 4 atmosphères, que le niveau de l'eau était inférieur à la partie en contact des produits gazeux échauffés, et qu'il n'est arrivé aucun accident si ce n'est un rivet sur le foyer qui a manqué; il se trouvait dans l'eau, mais comme les chaudières n'étaient pas nettoyées assez souvent, il est probable que les dépôts empêchaient la transmission de chaleur, il aura été brûlé. Il nous est arrivé plusieurs fois, avec la chaudière n° 2 dont nous avons parlé, d'obtenir ce résultat, car nous n'avions que 5 à 6 centimètres d'eau au-dessus des carnaux. Nous ajouterons enfin que nous sommes convaincus que les explosions de chaudière ne peuvent avoir lieu comme on l'explique, c'est-à-dire que la pompe alimentaire vint à fournir, après avoir été interrompue, que le liquide projeté, sur les parois qui ne peuvent être plus échauffées que les produits de la combustion, forme subitement une grande quantité de vapeur; car l'on sait que l'eau est conduite au fond, que le volume donné par chaque coup de piston fait monter l'eau d'une manière insensible, et que la chaudière, fût-elle rouge, elle ne le serait qu'à une certaine distance de l'eau, à moins d'admettre qu'elle fût tout évaporée, et on aurait déjà pu s'en apercevoir au ralentissement de la machine, car la vapeur n'étant pas conductrice, elle n'augmenterait pas d'un volume suffisant à compenser le manque de vapeur, car il y aurait une très petite quantité d'eau échauffée.

Enfin, la machine arrêtée, le cylindre n'est plus échauffé,

6

ensuite les cendres qui tombent dans les locomotives ordinaires l'échauffent toujours, même dans le repos, et l'on ne voit point d'accident arriver.

Le tube épurateur pourra toujours être employé, quelle que soit la prise de vapeur; au moyen de boulons et de brides, on parviendra toujours à le fixer. On pourrait, si on le voulait, le remplacer par une feuille métallique percée de trous qui recouvrirait la surface de l'eau. Pour les locomotives dont le foyer est trop bas, on pourrait employer un cendrier mobile dans le genre de celui que nous avons indiqué, mais n'ayant que les deux clapets supérieurs avec ce compartiment.

Conclusion.   De ce que nous avons dit il résulte :

1° Que pour une locomotive ordinaire, si on ajoute dans la chaudière le tube opérateur, on diminue la résistance de 20 o/o de la pression de la chaudière; qu'il y a économie de 4 p. o/o de combustible, et la pression sur la tuyère, à son orifice, est beaucoup réduite. Si on peut adapter sous le foyer un cendrier mobile avec des clapets, ce dernier résultat est encore augmenté dans une forte proportion.

2° Qu'avec notre système complet, la résistance due à l'entraînement de l'eau, sera réduite dans le même rapport que précédemment; que l'économie de combustible sera de 10 o/o, et la pression sur la tuyère réduite au minimum de 50 o/o pour la marche en avant.

3° Que l'on pourra brûler de la houille qui, outre les avantages de coûter moins cher que le coke, à poids égal, contient plus de chaleur sous un volume beaucoup moindre, et que l'on pourra ainsi utiliser du combustible qui, dans le cas actuel, est entièrement rejeté. Quant à l'économie, elle dépendra de la qualité de la houille, qui est trop variable pour fixer un rapport.

4° On pourra, au moyen du tube épurateur, régler l'entraînement de l'eau et rendre comparables les expériences faites sur diverses machines, et prévenir ces grandes variations de pression dues à l'eau qui accompagne la vapeur, cause de la grande quantité de chaleur emportée, et le frottement du liquide dans les tuyaux.

5° Dans les machines fixes, on pourra augmenter la surface de chauffe de 1/5 à 1/4, sans faire passer les produits de la combustion au-dessus de la ligne de flottaison dans la chaudière.

6° Avec cet appareil, réglant la quantité d'eau emportée, on pourra déterminer d'une manière précise la surface de chauffe pour un travail donné.

LEGENDE.

La figure 1, pl. 1, représente la partie supérieure de *la Rapide*, privée de ses accessoires avec le tube épurateur A, ainsi que le mode de fixation à la prise de vapeur.

Dans la figure 2, pl. 1, on voit la position de ce même tube, par rapport à la tige du modérateur, à la prise de vapeur et aux tirants.

Dans la figure 5, pl. 1, B est le tuyau d'arrivée pour la vapeur, C les tiroirs, E l'entrée, et F la sortie de la vapeur, H le tuyau de décharge.

On voit que les figures 4 et 5, pl. 1, représentent le plan, l'élévation et la coupe d'un barreau G, et le plan du double barreau K, qui laisse passer le tuyau d'air L.

Dans la figure 6, pl. 2, on remarque le même tuyau L, ainsi que la coupe longitudinale de la cheminée M avec son enveloppe, les espaces N où l'air s'échauffe encore, les clapets O, la plaque en tôle P qui forme clapet et fait que l'air chaud et la vapeur sont rejetés sous la grille lorsqu'ils tendraient à rester derrière la machine, et les fait mélanger à l'air; enfin, la plaque Q qui sert à rabattre la fumée et les parcelles de coke, pour empêcher l'incendie et sert en même temps à régler l'entrée de l'air chaud sous le foyer, et enfin R le tuyau de décharge appliqué à la locomotive.

Dans la figure 7, pl. 3, on a représenté ces mêmes tuyaux, et leur position par rapport à la boîte à fumée.

Par la figure 8, pl. 2, nous voyons le tuyau de décharge R latéral à la cheminée M, la manière dont il traverse l'espace N, pour se rendre dans la cheminée. S indique la tôle sous le cendrier, percée de trous correspondants à l'intervalle entre les barreaux et la plaque de garde Q.

Dans la figure 9, pl. 2, on voit la coupe de la cheminée M et des tuyaux de décharge R.

Le joint du tuyau de décharge qui est rectangulaire à cet endroit, figure 11, pl. 2. Le tuyau étant très mince, la vapeur forcera le tuyau à s'appliquer sur celui qui l'enveloppe.

Par la figure 10, pl. 2, on voit la disposition de la cheminée par rapport à la chaudière et aux tuyaux d'alimentation.

Nous avons représenté, figure 16, pl. 1, la manière dont les tubes L traversent le foyer, et la position de leurs branches par rapport aux tubes à fumée.

La figure 17, pl. 1, représente l'ensemble de la grille avec les tubes L qui la traversent.

Nous avons indiqué dans les figures 12 et 13, pl. 3, la position de la cheminée, et sa disposition entre les cylindres T. U sont des feuilles de tôle à charnière pour pouvoir se rabattre, et maintenues en haut par une autre V percée de deux trous pour laisser passer les parties saillantes des deux premières, ayant un trou où l'on chasse une clavette.

Dans les figures 14 et 15, pl. 3, on voit un clapet *o* à axe horizontal; les autres sont les mêmes, et la plaque de garde Q ainsi que le clapet P curviligne.

10 novembre 1845.

FIN.

Angers, imprimerie de Cosnier et Lachèse.

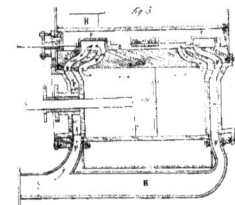

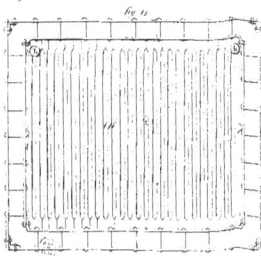

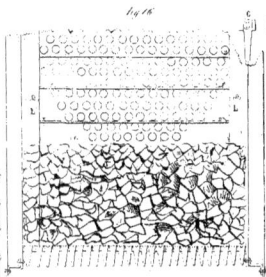

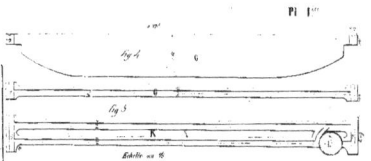

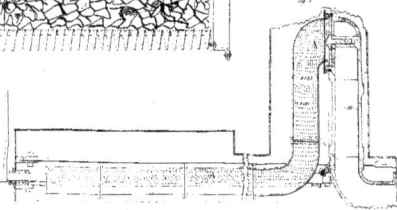

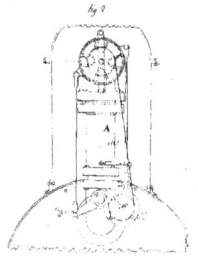

Pl. 1ʳᵉ

Fig 3

Fig 16

Fig 4

Fig 5

K

Echelle de ⅙

Fig 11

Fig 1

Fig 8

A

Echelle de ⅕ grandeur ½

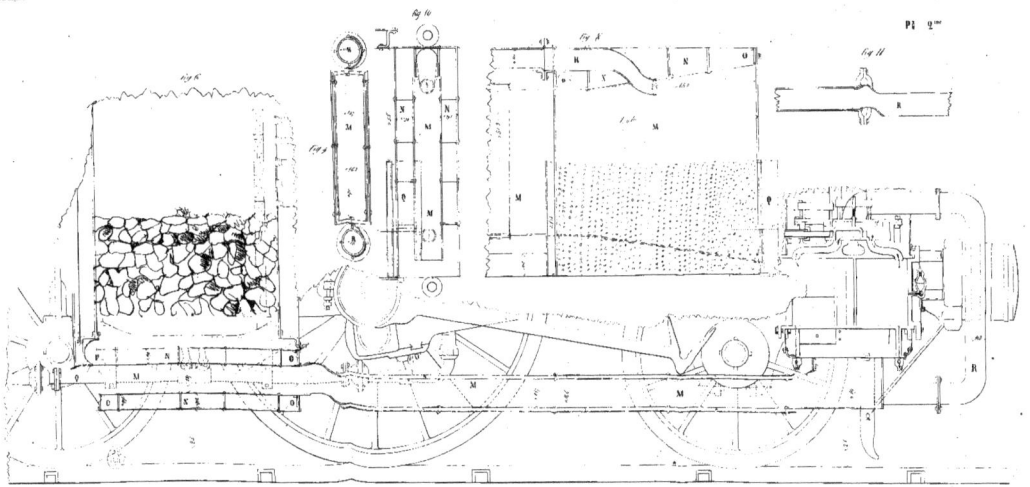

Fig 16

Fig 14

Fig 8

Fig 9

M

N   N

M   M

N

Fig 13

M

N   N   O

M

R

Fig 15

Fig 11

M

M

M

M

F

O   M   N   O

O   N

O

M   M   M

R

R

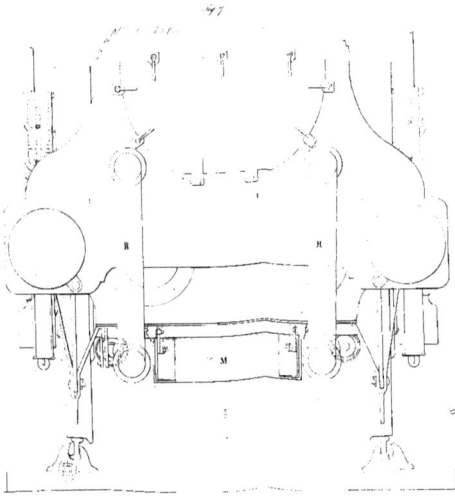

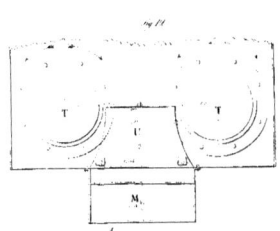

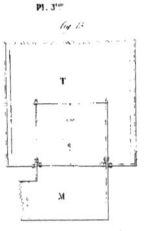

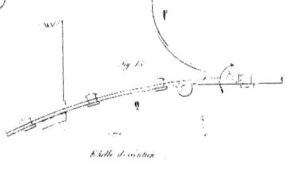

fig. 7

Pl. 3.me

fig. 11

fig. 13

fig. 15

fig. 14

T   C   T

M

R   M   M

Échelle d'exécution

Échelle d'exécution

www.ingramcontent.com/pod-product-compliance
Lightning Source LLC
Chambersburg PA
CBHW070914210326
41521CB00010B/2179